中棉所 45

中棉所 57

中棉所 64

中棉所 69

1

银瑞 361

中棉所 63

中棉所 66

邯杂 98 - 1

2

荃银 2 号

中棉所 49

中棉所 43

黄河流域麦后移栽棉

黄河流域棉田
（吐絮期）

黄河流域麦棉
套种（3－1式）

黄河流域麦棉
套种（3－2式）

4

黄河流域棉区一熟
棉田（地膜覆盖）

黄河流域棉区一熟棉
田（垄作、地膜覆盖）

黄河流域棉区一
熟棉田（苗期）

黄河流域一熟
棉田（花铃期）

黄河流域一熟
棉田（蕾期）

山东棉田
（花龄期）

山西棉田
（花龄期）

新疆棉田
（出苗期）

新疆棉田机械
播种与覆膜

7

新疆棉田（棉花、小茴香间作）

新疆长绒棉（花铃期）

棉花节本增效栽培技术

主　编

郭香墨　董合林

编著者

别　墅　董合林　徐立华

韩迎春　郭香墨

金盾出版社

内 容 提 要

本书由中国农业科学院棉花研究所等单位的国内权威专家编著。主要内容有：我国棉花科技创新与生产的发展，棉花节本增效技术的合理应用，棉花品种创新与节本增效技术，棉花科学施肥技术，棉花全程化学调控技术，黄河流域、长江流域、西北内陆三大棉区及杂交棉节本增效栽培技术。

本书通俗易懂、实用性强，适合广大棉农学习使用，亦可供农业技术工作者、农业院校师生及农村干部阅读参考。

图书在版编目(CIP)数据

棉花节本增效栽培技术/郭香墨，董合林主编 . -- 北京：金盾出版社，2010.3

ISBN 978-7-5082-6197-3

Ⅰ.①棉… Ⅱ.①郭… ②董… Ⅲ.①棉花—栽培 Ⅳ.①S562

中国版本图书馆 CIP 数据核字(2010)第 020299 号

金盾出版社出版、总发行

北京太平路 5 号(地铁万寿路站往南)

邮政编码：100036 电话：68214039 83219215

传真：68276683 网址：www.jdcbs.cn

北京金盾印刷厂印刷

永胜装订厂装订

各地新华书店经销

开本：850×1168 1/32 印张：6.75 彩页：8 字数：155 千字

2010 年 3 月第 1 版第 1 次印刷

印数：1~10 000 册 定价：11.00 元

(凡购买金盾出版社的图书，如有缺页、
倒页、脱页者，本社发行部负责调换)

前　言

　　棉花是我国重要的经济作物,全身是宝,应用价值巨大。棉纤维是纺织工业的重要原料,世界纺织工业70%的原料来自棉纤维。棉纺织品是我国第一大宗出口商品,出口量占世界总出口量的1/7,占世界出口总收入的1/10。21世纪的前5年,我国棉纺织品年出口创汇800亿～900亿美元,2006—2008年年出口达到1 000亿美元以上。我国黄河流域、长江流域和西北内陆三大主产棉区棉花生产能力占全国棉花生产总量的98%以上。近年我国棉花产量:2004年为632万吨,2005年为571万吨,2006年为673万吨,2007年为726万吨。

　　我国每年棉籽总产量约800多万吨,棉籽仁中含有30%以上的不饱和脂肪酸,是油脂工业、食品工业和人们饮食的重要油料来源。在国际原油价格飙升、资源日益紧缺的今天,将其通过化学方法转变为生物柴油将是巨大的潜在能源;棉籽仁中含蛋白质40%左右,是饲料和食品丰富的蛋白质资源;棉籽壳是食用菌培养和肥料的重要来源;棉花秸秆是建筑工业生产纤维板材的重要原料。

　　我国虽不是棉花起源地,但植棉历史有2 000多年。19世纪末,我国棉花平均年产量23万吨,居世界第四位。1900—1948年是世界棉业发展的第一阶段,科学植棉处于萌芽状态,但我国棉花生产长期停滞不前。在此期间年产皮棉仅45.8万吨,平均每667米^2(1亩)产皮棉14.2千克,低于世界平均水平。1949—1978年我国棉业进入稳步发展时期,现代科学技术逐步运用,植棉面积扩大,总产和单产都有较大幅度增长。这30年间平均植棉面积为

494.3万公顷,棉花总产169万吨,居世界第二位或第三位,平均每667米^{2}产皮棉22.6千克,达到世界平均水平,我国基本做到自给。1978年改革开放以来,我国棉花生产取得了巨大成就,1982年全国棉花总产359.8万吨,首次列居世界首位;1984年总产625.8万吨,约占世界棉花总产的1/3,远远超过美国和前苏联,平均每667米^{2}产皮棉60.3千克,高于世界平均单产60%,跃居世界棉花高产国行列。1979—1998年的20年间,全国平均植棉面积535.1万公顷,棉花总产371.9万吨,常居世界第一位,平均每667米^{2}产皮棉46.3千克,高于世界平均水平。21世纪前9年实施农业产业结构调整后,我国棉花种植面积稳定在418万～576万公顷(平均497万公顷),皮棉总产486万～750万吨(平均608万吨),平均每667米^{2}产皮棉70千克以上,形成黄河流域、长江流域和西北内陆三大集中产棉区。

一个世纪以来,我国棉花总产和单产在持续提高的同时,其纤维品质也得到不断改进。以纤维长度为例,1937年全国棉花平均绒长21.62毫米,1950年为22毫米,1980年提高到27.81毫米,10年后达到28毫米以上,而且在全国建立了150个优质棉基地县,在新疆维吾尔自治区建立了生产绒长35毫米以上的长绒棉基地。

棉花生产的发展,促进了纺织、服装、外贸等行业的发展。21世纪初,我国拥有纱锭约3 500万枚,年产棉纱2 700万件,服装80亿件,均居世界第一。我国以棉花为主要原料的纺织品,远销世界110多个国家和地区,年出口创汇占全国出口创汇总额的1/4以上。

本书组织国内同领域知名专家参加编写,书中系统介绍了我国棉花育种和栽培技术的发展及最新成果,系统介绍了我国三大棉区的代表性品种和施肥、化学调控及栽培技术，引用了最新资料，尽力做到科学性、通俗性、实用性的统一，以飨读者。本书适合农村领导、基层干部、广大棉农、农业院校教师和农业科技工作者阅读参考。

　　由于时间仓促，笔者水平有限，缺点和疏漏之处在所难免，敬请读者包涵并提出宝贵意见。

目　　录

目　录

第一章　我国棉花科技创新与生产的发展

品种是棉花生产可持续发展的基础和原动力,是栽培技术发展和应用的载体。我国植棉业从低水平到高水平、从数量型到质量型、从低效益到高效益的发展历程,与棉花品种的不断改良和推广应用密不可分。中华人民共和国成立后,我国经历了6次品种更换,每次更换都使棉花产量达到新的水平,或解决生产上出现的重大技术问题。

一、棉花品种更新与生产的发展

(一)国外引种与我国棉种的第一次更换

我国历史上长期种植的是亚洲棉(*G. aborium* L.),在西北内陆棉区也有部分草棉(*G. herbasum* L.)种植,它们都是二倍体棉种,耐旱耐瘠,抗逆性强,但植株较小,纤维短,产量低。陆地棉(*G. hersutum* L.)最早引入我国是在1865年,海岛棉(*G. babadance* L.)引入我国在20世纪初,1949年陆地棉在全国种植面积占全国棉田总面积的52%。

20世纪50年代,我国棉花的第一次品种更换主要靠国外引种。这次换种主要靠引进美国以及前苏联品种取代我国长期种植的亚洲棉和草棉。主要用岱字棉15及斯字棉、坷字棉等品种进一步更换了亚洲棉和退化的陆地棉。在黄河流域和长江流域用岱字棉15进一步更换斯字棉、德字棉和坷字棉等;特早熟棉区推广锦育5号和克克1543等;在西北内陆棉区推广前苏联的108夫、克克1543、2依3、5904依及长绒3号等海岛棉品种,亚洲棉基本被淘汰。至 1958 年推广美国品种岱字棉 15 后,陆地棉在我国种植面积已占棉田总面积的 98%,其余为少量海岛棉及亚洲棉,而草棉已被淘汰,陆地棉基本普及,海岛棉开始种植。这次换种使棉花单产提高 15%,绒长增加 2~4 毫米。

(二)系统育种与我国棉种的第二次更换

1964—1968 年,我国利用系统育种技术改进国外陆地棉品种,使品种产量水平和生态适应性进一步改观。长江流域以岱字棉 15 复壮种和洞庭 1 号、鄂光棉等品种替代了岱字棉 15;黄河流域推广徐州 209 和徐州 1818,中国农业科学院棉花研究所育成的中棉所 2 号、中棉所 3 号等;特早熟棉区种植朝阳棉 1 号等;西北内陆棉区推广陆地棉品种军棉 1 号及新海棉、8763 依等海岛棉品种。中棉所 2 号是从岱字棉 15 中通过系统育种法于 1959 年育成,在 1960—1962 年黄河流域区域试验 56 个点次中,平均比对照岱字棉 15 增产 14.3%,1968 年在河北、山东、河南等省推广 13.3 万公顷。中棉所 3 号是中国农业科学院棉花研究所 1960 年从岱字棉 15 中系统选育而成,1972 年在河南、陕西、山西、山东、河北等省推广种植 20 万公顷。中棉所 3 号属于耐病丰产品种,对枯萎病具有较强的耐病性,全国许多育种单位以该品种为抗病种质,育成了多个新品种。中棉所 7 号是从乌干达棉中用系统育种法于 1971 年育成,生长势强,后期叶片保持青绿不衰,累计推广 6.7 万公顷。

(三)杂交育种与我国棉种的第三、第四次更换

第三次换种在 20 世纪 70 年代,其技术标志是通过杂交育种技术培育新品种,通过不同基因型的亲本之间的有性杂交,使得两个或多个亲本的某些遗传物质结合形成新的基因组合,是棉花品种改良的主要途径之一,包括两亲本杂交和复合杂交。黄河流域

棉区推广徐州142、邢台6871、中棉所5号、中棉所7号等,长江流域推广沪棉204、徐州142、泗棉1号,突出特点是岱字棉15在南北棉区被取代;特早熟棉区推广黑山棉1号、辽棉4号;西北内陆棉区推广军棉1号等。20世纪50年代,在我国自育的推广面积在6.5万公顷以上的陆地棉品种中,通过杂交育种育成的品种占13%,60年代占21.2%,70年代占38.3%。

中棉所5号是中国农业科学院棉花研究所从[徐州209×(岱字棉15＋紫锦葵)]组合后代选育而成的中早熟品种,1969年育成,耐旱、耐涝性较强,20世纪70年代在黄河流域大面积推广。

第四次换种在1980—1984年,其特点是杂交育种技术进一步发展为利用多亲本的复合杂交培育新品种,国产品种完全取代国外引进品种,品种的熟性更加多元化,为棉花耕作制度改革提供了优质种源。黄河流域重点推广中棉所8号、鲁棉1号、冀棉8号及短季棉品种中棉所10号,其中山东棉花中心育成的鲁棉1号为我国推广速度最快、推广面积最大的高产品种。中棉所10号为中国农业科学院棉花研究所育成的第一个短季棉品种,是从引进品种黑山棉1号中系统选育而成,其育种策略是根据我国黄河流域广大棉区人多地少、粮棉争地矛盾突出的客观实际,选育适合麦棉夏套种植的新品种类型。中棉所10号具有早熟、高产等突出特点,成为20世纪80年代黄河流域短季棉的当家品种,是我国短季棉育种的开创性品种。长江流域推广泗棉2号和鄂沙28等;特早熟棉区推广辽棉8号、辽棉9号;西北内陆棉区推广军棉1号和新陆早1号,其中军棉1号在西北内陆棉区推广应用时间持续到21世纪初。经过这次换种,我国自育陆地棉品种基本普及,品种的丰产性有较大提高。

(四)抗性育种与我国棉种的第五次更换

20世纪80年代中期至90年代中期,棉花枯萎病(*Fusarium*

vasinfectum)和黄萎病(*Verticillium daliae* Kleb.)呈快速发展态势,对棉花生产造成的损失日益严重,因此从遗传育种角度控制上述病害成为棉花育种目标的新内容。该阶段育种目标是在高产、早熟的基础上考虑影响棉花生产的枯萎病和黄萎病,并培育早熟、优质、抗病的春套棉和短季棉品种。中棉所12是在西北农业大学高永成教授提出棉花品种病地鉴定和强化选择理论后,由中国农业科学院棉花研究所谭联望等认真总结育种经验,通过选择高产、抗病的引进品种乌干达3号和优质、广适的邢台6871作亲本,杂交后代连续在试验田接种棉花枯、黄萎病病菌,连续鉴定和强化选择育成的品种。

中棉所12打破了高产与抗病性和纤维品质的遗传负相关,先后通过国家和河南、山东等6省审定,推广范围遍及全国三大棉区的12个产棉省,至1993年累计推广种植730万公顷,1990年获国家发明一等奖。

中棉所17是以抗病、优质材料7259×6651的后代为母本,以早熟、高产的中棉所10号作父本进行复合杂交育成,具有早熟、高产、优质、抗病、综合性状优良、适于麦棉套种等优良特性,1990年通过山东省审定和全国审定。该品种生育期125天,是黄淮海棉区麦棉套种的主导品种;株型紧凑,适播期长,抗枯萎病、耐黄萎病,纤维品质优异,洁白有丝光;耐盐碱,适于黄淮海棉区麦棉套种和滨海滩涂碱地种植。中棉所17累计推广种植75万公顷以上,对于发展麦棉套种,缓解粮棉争地矛盾,以及开拓滨海滩涂碱地植棉有重要意义。

中棉所16是从中10选系×辽4086组合后代中经连续选择而成的抗病、早熟短季棉品种,1990年通过河南、山东省审定。该品种生长发育快,生育期114天,吐絮期落叶晚,表现早熟不早衰,丰产、优质,高抗枯萎病、兼抗黄萎病,成功地解决了麦田夏套棉早熟、抗病和不早衰的难题,累计种植面积67万公顷以上。至此,中棉所系列品种成为我国棉花生产的主导品种,迅速覆盖黄河流域、长江流域和西北内陆三大棉区。"中"字号棉花品种年推广面积270万公顷左右,占全国棉田面积50%。长江流域以泗棉2号、江苏棉1号、盐棉48和鄂抗棉5号为主。特早熟棉区推广辽棉12。

(五)转基因育种与我国棉种的第六次更换

自1995年以来,随着现代生物技术的发展和棉花生产中棉铃虫、棉红铃虫的严重危害,棉花育种目标迅速调整,在黄河流域和长江流域逐步以培育和推广转基因抗虫棉和杂交棉的迅速推广为特征,分子育种技术与常规技术相结合,品种的科技含量进一步增加。

进入20世纪90年代后,棉铃虫和红铃虫的危害成为我国棉花生产的灾难性害虫,棉铃虫每年造成的直接经济损失高达100亿元以上。继美国Agrocitus公司成功构建来自苏云金芽孢杆菌的Bt基因并在棉花上表达后,美国孟山都公司采用改造土壤农杆菌的Ti-质粒转化载体的启动子,即在35 s小亚基作启动子的基础上加入重复的强化表达区,使基因合成毒素的表达水平提高了100倍。同时,在不改变Bt基因合成毒蛋白的氨基酸序列的情况下,对Bt基因进行修饰改造,对构成该基因的21%的核苷酸序列进行相应的替换,使A、T、G、C四种碱基趋于平衡,使其更适合在植物中表达。这样,Bt基因合成杀虫晶体蛋白的量从原来的占可溶性蛋白的0.001%提高到0.05%~0.1%,抗虫效果得到明显改善。美国育成的抗虫棉品种33B、99B迅速占领中国棉种市场,至1998年,美国抗虫棉面积占我国抗虫棉总面积的95%,我国民族育种业面临严峻挑战。

中国农业科学院生物技术研究所继成功构建具有自主知识产权的Bt基因后,又构建了Bt与豇豆胰蛋白酶抑制剂(CpTI)双价基因的复合体,使我国成为世界第二个拥有抗虫基因自主知识产权的国家。河北省石家庄市农业科学院把该双价基因导入石远321,育成的双价抗虫棉 sGK321 于 2001 年通过河北省审定,2002年通过国家审定;中国农业科学院棉花研究所合作把该双价基因通过花粉管通道法转入中棉所 23,育成的中棉所 41 抗虫性强,产量与抗虫杂交棉中棉所 29 持平,于 2002 年通过国家审定,2007年获得陕西省科技进步一等奖,至 2008 年,在黄河流域 6 省累计推广面积 265 万公顷,2009 年获得国家科技进步二等奖。中棉所45、47 等双价抗虫棉相继问世,我国推广种植抗虫棉面积迅速扩大,品种综合性状不断提高。据统计,1998 年我国抗虫棉面积共25 万公顷,我国自育品种面积小于 5%;2002 年抗虫棉总面积194.3 万公顷,国产抗虫棉面积为 73.3 万公顷,占抗虫棉总面积的 38%;2004 年抗虫棉总面积 310.4 万公顷,国产抗虫棉面积186.7 万公顷,占 60%;2006 年国产抗虫棉面积已占我国抗虫棉面积的 80% 以上,彻底结束了美国抗虫棉垄断我国种子市场的被动局面。

此阶段我国转基因抗虫棉育种成绩斐然,主要育成品种有我国第一个国审双价转基因抗虫棉中棉所 41 以及中棉所 45,山东棉花中心的鲁棉研 15、16 和河北省石家庄农业科学院的sGK321。西北内陆棉区大面积推广中棉所 35、中棉所 36、中棉所43、中棉所 49 和新陆中 5 号等。这次换种的显著特征是:常规育种技术与生物技术密切结合,育种水平和效率显著提高,我国棉花的抗虫性得到明显改善,我国自主知识产权的抗虫基因广为应用,节本增效和保护生态环境初见成效,2001—2006 年我国棉田面积、总产及单产持续增加,在世界棉花生产中占重要地位(表 1-1)。

表 1-1 2001—2006 年全国和世界棉花种植面积、总产和单产比较

项 目		2001	2002	2003	2004	2005	2006	平 均
种植面积（万公顷）	中 国	481.0	418.4	511.1	5693	506.2	540.0	504.3
	世 界	3339.7	2987.2	3209.2	3519.7	3392.7	3464.6	3318.9
	中国占世界%	14.4	14.0	15.9	16.2	14.9	15.6	15.2
总产（万吨）	中 国	532.4	491.6	486.6	632.4	571.4	673.0	565.0
	世 界	2150	1929	2071	2630	2476	2470	2288
	中国占世界%	24.7	25.5	23.5	24.1	23.1	27.3	24.7
单产（千克/公顷）	中 国	1110.0	1174.5	951.0	1111.5	1129.5	1246.5	1120.5
	世 界	643.5	646.5	645.0	747.0	730.5	712.5	687.0
	中国比世界高（%）	72.4	81.8	47.4	48.8	54.7	74.8	63.0

注：世界数据来自 USDA，中国数据来源中国农业部

（六）现代育种技术的发展与品种改良

分子标记辅助育种是继转基因育种之后新兴的分子育种技术，与传统育种技术相比较，具有跟踪目标基因（性状）、提高育种效率、减少遗传累赘等优点。中国农业科学院棉花研究所和南京农业大学对棉纤维品种的研究中发现了控制纤维比强度的主效基因 fs1 和其他 8 个基因，可以解释 30% 的比强度变异；河北农业大学马峙英等构建了高纤维强力种质系苏远 7235 的细菌人工染色体（BAC）基因文库，为优质纤维基因克隆奠定了基础；浙江大学祝水金等用扩增片段长度多态性（AFLP）标记进行陆地棉黄萎病抗性基因辅助筛选。

生化辅助育种是中国农业科学院棉花研究所提出并率先采用的棉花辅助育种技术，2005 年申报国家发明专利。其核心内容是通过研究各种生化指标包括各种酶系统如超氧化物歧化酶、过氧

化物酶、过氧化氢酶等及氧化产物、生长素、脱落酸等在不同类型品种不同生长发育时期的变化规律和遗传特性,根据不同种类生化物质的变化及其遗传规律,建立起的辅助育种指标体系,确定各种生化物质的相对选择标准、选择范围、选择酶活量和选择时间,以增强育种选择的精确性,加快育种进程的育种方法。应用生化辅助育种技术已成功培育出早熟不早衰的短季棉中棉所 20、中棉所 24、中棉所 27 和中棉所 36 等优良品种。

近几年,全国棉纺业呈快速飞跃发展态势,全国棉纺产量从 2001 年至 2006 年连续 6 年保持两位数增长,2006 年纺纱 1722 万吨,年递增 17.8%。按 64% 用棉计算,纺棉 1120 万吨,与新品种的培育和大规模产业化有重要关系。

二、育苗移栽技术

(一)棉花育苗移栽技术对棉花生产发展的作用

棉花育苗移栽技术是延长棉花生长期、实现麦棉双丰收的重要举措,是我国棉花栽培技术突破的重要标志,在我国黄河流域麦棉两熟栽培和长江流域一熟和两熟种植区被广泛应用。

育苗移栽技术形成于 20 世纪 70 年代,80 年代以后得以广泛应用,该技术主要解决了棉花栽培中的以下问题:

1. 保证苗全苗壮 营养钵育苗一般苗龄 30 天以上,由于实行带土移栽,栽后及时浇水覆土,成活率一般在 95% 以上。营养钵的基质比较肥沃,幼苗所需各种营养元素比较齐全,加之水分充足,因此幼苗根系发育良好,生长势强,利于早发稳长。

2. 充分利用生长季节,提高霜前优质棉比例 黄河流域麦棉套种一般在 3 月底至 4 月上旬下种育苗,5 月上旬移栽,与直播棉花相比,生育期提前 20～30 天,因此现蕾、开花、吐絮等生育进程相对提前,有效缩短了小麦等前茬作物与棉花的共生期,一般情况下育苗移栽棉花比同期直播棉花的霜前花率可提高 15% 以上,减少了晚秋桃对产量和纤维品质的不利影响。

3. 确保棉苗稳健生长　由于移栽后部分根系受到抑制,棉花需要有短时间的缓苗期。在此时期内,地上部生长受到抑制,而地下部根系迅速增加,起到控上促下、确保棉苗稳健生长的作用。一般育苗移栽棉花主茎节间较短,第一果枝节位较低,为防止花铃期旺长奠定了良好基础。

4. 确保粮(油)棉双高产　由于减少了棉花与小麦(油菜)的共生期,因此在黄河流域棉区,小麦与棉花套种田,小麦产量可达到单作的 80% 以上,棉花产量相当于单作田块的 90%;在长江流域油棉套种田块,油菜和棉花的产量水平也与麦棉套种相近,从而达到粮(油)棉双高产的目的。

5. 减少苗期自然灾害的影响　在我国黄河流域棉区,尤其是石德线以北地区,5月初常出现霜冻危害,致使刚出土的棉苗感染立枯病、炭疽病等,死苗率高,生长发育迟缓甚至死亡,对棉花生产影响很大。发明育苗移栽技术后,棉花种子萌发、出苗和幼苗期生长处于地膜覆盖条件下,土壤温度比露地直播平均提高 5℃ 以上,有效地躲过低温的影响。有的地区5月份出现冰雹危害,造成棉苗断头、叶片破损甚至死亡,采用营养钵育苗移栽技术后,小面积的苗床容易防护,能有效躲过冰雹危害。

6. 节约用种,减少投入　黄河流域棉区植棉密度较大,一般每公顷密度 45 000 株以上,直播条件下无论采取条播或穴播,用种量都比较大,每公顷用种量脱绒包衣光籽 23 千克以上;采用营养钵育苗每钵用种仅 1～2 粒,一般每公顷用种 7.5 千克,比直播棉田每公顷节约用种量 15 千克以上。在长江流域棉区,植棉密度较小,一般每公顷 20 000 株以下,直播条件下每公顷用种量脱绒包衣光籽 23 千克以上,采用育苗移栽技术一般每公顷 5 千克,比直播棉田每公顷节约用种量 18 千克以上。按此计算,采用营养钵育苗移栽技术,黄河流域棉区可节省用种投资 65%,长江流域棉区可节省用种投资 75%。

(二)育苗移栽技术应用的限制因素

营养钵育苗移栽技术也有条件限制,特别是近几年来,农村劳动力进城打工,劳动成本的增加,该技术受到一定影响,主要是:

1. 育苗麻烦　育苗要先制营养钵,配制适当含水量和肥料的钵土,选择地势平坦、背风向阳、排水方便的育苗场地,制营养钵需要技术熟练的壮劳力,一般移栽每公顷棉田需要制作营养钵用工 15 个,苗床要施肥、浇水、治虫、防病、通风等技术环节,也比较费工。

2. 移栽费工　营养钵育苗移栽需要运苗、开沟、放钵、覆土、浇水等环节,费工多,在劳动力缺乏地区实施有一定困难。

3. 灌溉要求高　移栽棉田需要土地平整,排水和灌溉方便,棉苗移栽后要及时浇水,且不能大水漫灌,在丘陵山区实施也有一定困难。

4. 缓苗期生长受到抑制　营养钵移栽后,部分根系受损,造成吸水、吸肥困难,新根生出需要一周以上,此阶段棉苗出现轻度萎蔫,未浇到水和未合格覆土的棉苗遇到太阳暴晒和低温冷空气后,会感病甚至死苗。

三、地膜覆盖技术

棉花地膜覆盖技术是 20 世纪 70 年代从日本引进的栽培技术,首先在蔬菜作物上应用,后来中国农业科学院棉花研究所、山西省农业科学院棉花研究所和北京农业大学(现为中国农业大学)等单位专家应用到棉花栽培,使我国棉花生产上了新的台阶,取得了显著的经济效益和社会效益。

（一）主要优点

1. 增温保墒 我国干旱和半干旱地区占国土的一半左右，这些地区的年降水量少，为 200～500 毫米，而且分布不均匀，7～9 月份降水量占全年的 60%～70%，春季气温低，干旱多风，对棉花幼苗生长不利。采用地膜覆盖栽培技术，减少了土壤水分的蒸发，维持棉花播种至出苗阶段土壤水分相对平稳。地膜覆盖后，减少了土壤与大气的热交换，使棉花播种层（5 厘米土层）温度提高 3.5℃～5.5℃，8 天出苗率达 85% 以上。

2. 延长棉花生育期，促进早发 地膜覆盖棉花播种期比直播棉一般早 7～10 天，把出苗期控制在终霜期之后，黄河流域以 4 月 20 日以后出苗较为安全，采用双膜覆盖技术可使棉苗在膜内生长，有效避免出苗后出现的低温和霜冻危害，因此可有效延长棉花生育期，促进早发。

3. 扩大棉花种植区域 在半干旱和盐碱地区植棉的最大问题是播种后土壤墒情不足，全苗困难。地膜覆盖技术的推广，解决了上述地区的出苗难题，因此有效地利用了土地资源，扩大了植棉区域，缓解了我国粮棉争地的矛盾。

4. 抑制杂草，减少田间作业 地膜植棉在播种前，为了防止马唐、莎草和狗尾草等优势杂草的危害，要选择适宜的除草剂，在覆膜前喷施。此外，如覆膜严实，可抑制杂草的滋生，减少田间作业成本。

（二）局限性

地膜植棉也有其局限性，主要表现在：成本增加，易污染环境，棉株下部烂铃增加。

四、化学调控技术

化学调控是根据棉花的生长发育特点及其在一定环境条件下的长势长相,采取化学手段协调营养生长和生殖生长,达到高产、优质、高效的技术。

植物生长调节剂也称为植物激素,它是调节植物生长发育的特殊物质,它在植物体内的含量很少,但作用很大。植物激素可分为天然激素和人工合成激素两大类。目前发现植物体内的天然激素有五大类:①生长素:植物体内普遍存在的生长素是吲哚乙酸,其主要作用是促进细胞的伸长,也能促进细胞的分裂和分化。现在常用的生长激素是吲哚丁酸、2,4-滴、萘乙酸、4-碘苯氧乙酸。②赤霉素:其主要作用是促进植物茎叶的生长,促进开花及萌发。③细胞分裂素:又名细胞激动素,可以防止叶片的衰老,延长叶片的寿命,还能改变植物的开花习性,促进开花。④脱落酸:它的生理作用一是促进衰老和脱落,二是抑制植物的生长活动,促进休眠。⑤乙烯:它是一种气体,能促进器官的衰老和成熟,还有促进生根,抑制茎的伸长,促进落叶、落果等作用。

人工合成的生长抑制剂主要有以下几种:一是矮壮素,又名CCC,化学名称为 2-氯乙基三甲基氯化铵,可以抑制细胞伸长,但不能抑制细胞分裂,因而使植物变矮,茎秆变粗,节间缩短,叶色加深,叶片加厚。二是青鲜素。化学名称为顺丁烯二酸酰,简称MH,具有对抗生长素的作用,可抑制芽和茎的生长。三是三碘苯甲酸,简称TIBA,具有促进植物开花的作用,引起花芽的形成,用于抑制赘芽生长、抑制叶面积生长过大,降低棉花蕾铃脱落率。四是矮健素。化学名称为 2-氯丙烯三甲氯化铵,能矮化棉株,减少蕾铃脱落。五是CMH。化学名称为氯乙基偏二甲肼,能抑制棉株的营养生长,减少蕾铃脱落。六是缩节胺。又名壮棉素,英文商品名为 PIX,化学名称为 1,1-二甲基哌啶翁氯化物,能有效地控制棉株的生长,使植株矮化,株型紧凑,促进早熟,提高产量。七是调节磷,化学名称为 0-2 甲氨基甲酰磷酸铵,可控制棉株顶端生长。

综合上述各种植物生长调节物质,按其来源和作用性质可分为:

天然植物激素:①促进型:有生长素(IAA)、赤霉素(GA)。②抑制型:有细胞分裂素(CKT)、脱落酸(ABA)。

人工合成生长调节剂:①促进型:有乙酸(ETH)、萘乙酸(NAA)、增产灵。②抑制型:有矮壮素(CCC)、缩节胺、2,4-滴、马来酰酐、矮健素、CMH 等。

随着化学调控技术的发展,20 世纪初,化学调控发展为全程化学调控,这是指在棉花的不同生长发育时期,根据棉田植株长势长相,连续数次使用缩节胺的技术。过去,化学调控仅仅作为一项防止棉株疯长的应急措施,后来通过对生长调节剂的全面研究,认为它对棉株的生长发育和生理特性调节具有多方面的效应,从而把这种技术作为定向诱导、塑造理想株型和群体冠层结构以及优质棉铃结构的主要调控手段。

目前,广泛应用的植物生长调节剂是缩节胺,它控制营养生长的药效期一般为 15~25 天。在多雨年份或水肥充足、长势旺盛的棉田,药效期会缩短,用药次数和用药量都需要适当增加;而干旱年份和旱地棉田,用药次数和用药量都需要适当减少。用药的时间和次数还要根据品种的特征特性和种植方式而定。黄河流域一熟春棉或麦棉两熟套种春棉,除播种时用缩节胺浸种外,生长期间化学调控一般进行 2~3 次。第一次在蕾期,6 月 15~20 日;第二次在初花期,7 月 10 日左右;第三次在盛花期,8 月 5~10 日,其中初花期和盛花期两次最为关键。长江流域近年来以种植杂交棉为主,强调个体发育,搭起丰产架子,种植密度小。此外该棉区土地较肥沃,雨量充沛,因此化学调控更具有灵活性,原则是以抑制旺长为目的,调控时间一般在初花期、盛花期和结铃期。西北内陆棉区种植密度大,强调群体结构合理。此外该棉区降雨量少,因此化学调控比较容易掌握,一般在浇水前进行,调控原则是前期少,中期适当增加,开花后用量加大。

五、配方施肥技术

土壤配方施肥是在培肥土壤、合理科学施肥的基础上发展起来的施肥技术。合理增施化肥可以作为低产田培肥土壤和迅速提高粮棉产量的重要措施,也可以作为高产棉田持续高产、提高肥料利用率的有效措施。在现代农业中,化肥在整个肥料的构成中占有相当重要的地位,但无机肥必须与有机肥配合使用才能更好地发挥肥效,充分发挥培肥增产的效果。因为有机肥的肥效慢、作用时间长、养分全,而化肥的肥效快、营养单一,两者配合使用,可以取长补短。在缺乏微量元素的棉田中增施有机肥,可以减少或避免单一化肥因缺素而引起的生理病害。

土壤配方施肥,首先要测定土壤中各种营养元素的含量,再根据棉田的产量指标计算每种元素的需求量,还要根据土壤性质了解各种元素的吸收利用效率,从而判断哪些元素缺乏,哪些元素不缺乏,然后制定科学的配方施肥指标。麦棉两熟棉田与一熟棉田相比,土壤养分的消耗较多,连续多年套种的田块,在不采用配方施肥的情况下,常会出现土壤肥力下降,或因为氮肥过多出现旺长,或因为土壤氮肥缺乏而迟发早衰。据调查,在一般情况下,每生产100千克小麦需要氮素4.5~5千克,五氧化二磷7.0~7.5千克,氧化钾5.0千克;每生产50千克皮棉需要从土壤中吸收氮素4~9千克,五氧化二磷2~3千克,氧化钾3.5~7.5千克。因此,每667米^{2}产小麦200~250千克、皮棉50~75千克的套种棉田,需要从土壤中吸收氮素16~17.5千克,五氧化二磷9千克,氧化钾8~10千克。考虑各种元素的吸收利用率和转化时间长短,即可确定所补充的主要元素数量及施肥时间。

棉花生长发育时期不同,对肥力的需求也明显不同,见表1-2。

表1-2　棉花不同时期需肥占全生育期的比例　(%)

时　期	纯　氮	五氧化二磷	氧化钾
苗　期	4.5	3～3.4	3.7～4
蕾　期	27.8～30.4	25.3～28.7	28.3～31.6
花铃期	59.8～62.4	64.4～67.1	61.6～63.2
吐絮期	2.7～7.8	1.1～6.9	1.2～6.3

土壤配方施肥存在的主要问题是:农家肥施用量少,土壤团粒结构差,保水、保肥能力降低,施肥后不易在土壤中贮存,流失严重;化学肥料营养单一,常会造成某些元素过剩而另一些元素供应不足;我国干旱地区较多,施肥后不能及时浇水,棉花生长发育无法利用,而雨季常造成土壤和肥料严重流失,按照配方所施的肥料随水流失,也会造成营养缺乏。因此,棉花科学施肥,应建立在增加农家肥,通过培肥土壤、改善土壤团粒结构、提高保水、保肥能力的基础上,测定土壤肥料的盈亏,进而采取配方施肥技术。此外,改善棉田生态环境、加强农田基本建设、完善水利配套设施也是十分必要的。

六、简化栽培技术

(一)棉花简化栽培技术的概念和意义

棉花简化栽培管理技术,是棉花由传统栽培管理向现代栽培管理的技术变革,亦是棉花种植发展的必然趋势。与传统的栽培管理模式相比,它不但可以大大地节省劳动力,减轻棉农的田间作业强度,还可以有效地提高棉花单产,是棉农大规模种植棉花最直接、最简单易行的栽培管理措施。

棉花简化栽培技术是在 20 世纪 80 年代提出的一项棉花栽培技术,其核心是对过去的复杂栽培技术加以优化筛选,根据棉花生长发育特点进行简化,以减少劳动投入,提高劳动效率。棉花简化栽培主要包括适当降低种植密度、保留营养枝和主茎叶,化学除草以及部分免除中耕松土等农业措施。

(二)棉花简化栽培的核心

棉花简化栽培的核心技术概括为"小、壮、高"。

小,指在满足群体适宜总果节量的前提下,尽可能地降低群体起点,减少密度。采用宽行距、远株距以减少株数,实行宽窄行种植。黄河流域种植,可宽行 120 厘米,窄行 60 厘米,平均行距 90 厘米;把株距放大到 30～40 厘米,每 667 米^2 种植密度降低至 2 500～3 000 株。长江流域,可实行 1 米等行距,株距在 30 厘米左右。实行宽窄行种植可以推迟棉花封行期,使每株棉花都处于边行相对优越的环境中,多结桃,结大桃,少烂桃。降低密度可以减少用种、用药,节约物化投入和劳力。

壮,指在有效生长期内,充分发展个体,尽可能地提高果枝层数和单株果节数,用壮个体去达到群体适宜总果节量和适宜叶面积的要求。留营养枝(即叶枝、"油条"),使棉株个体发育健壮,留下部分营养枝,增加幼苗叶面积,增强根系发育,并积极促进叶枝苗壮成长,让其萌生出可利用的次生果枝,并在次生果枝上正常现蕾,开花结铃。保留果枝下 1～2 个叶枝,留行间不留株间,留大去小。在主茎 6～7 片叶时踏苗压土,使苗向宽行倾倒,协调营养生长与生殖生长,减少蕾铃脱落,防烂铃早衰。

采用"一基一追后添补"的施肥方法。把 60% 以上的肥料用于基肥施入,用于棉花前期促发棵,搭丰产架子,其余 30%～40%

的肥料用于花铃肥保结铃,减少施肥次数,减少用工次数,后期叶面喷肥防早衰。建议每 667 米^2 用 40 千克控释肥或棉花专用肥。

高,指结铃期群体有高的成铃率、高的物质积累量。采用科学的化学调控和化学除草技术。缩节胺能有效地控制棉株的纵横生长,调节棉叶的生理功能,促进棉根发育,增强根系活力和对养分的吸收能力,改善成铃结构,提高棉铃质量。按标准剂量用药,做好二次稀释,坚持前轻后重的原则,宁轻勿重,少量多次,喷高不喷低,喷壮不喷瘦。最好在施肥后,灌水前进行。每 667 米^2 用缩节胺 0.3～3 克。最终目的是增结伏桃和早秋桃,减少蕾铃脱落,抑制赘芽生长,简化整枝,防贪青晚熟。化学除草剂用氟乐灵和乙草胺等,以减少用工,节省投资。

(三)对棉花简化栽培技术要正确理解

过去,人们常把棉花简化栽培技术称为"懒汉棉",这是理解的一个误区。棉花简化栽培技术的核心是减少投入,增加产出,利用棉花的生物学特性,科学调节营养生长和生殖生长的关系,减少不必要的人力和资金投入,高效植棉,但一些必要的农业和生物措施还是不能省去的,如及时整地、及时足量施肥和浇水等。

有人认为,棉花简化栽培必然导致产量降低,品质变劣,这种看法也是不对的。比如留营养枝,有人认为会延长生育期,导致棉花迟发晚熟。如果品种选用得当,在光热资源不丰富的棉区选用早熟性好的品种,实行简化栽培,同样可以丰产丰收;种植杂交棉的地区,一般种植密度偏低,实行简化栽培技术,充分发挥个体优势,也可以高产优质,如湖南省岳阳地区 2007 年种植转基因抗虫杂交棉中棉所 57,每 667 米^2 种植 1 800 株,实行简化栽培技术,单株结铃数 55 个,铃重 6.2 克,衣分 40%,每 667 米^2 产皮棉 220 千克左右,与常规栽培技术比较,节省用工 2 个,节省农药 22 元,合计减少投入 52 元。

七、无土育苗技术

不用土壤,而用非土壤的固体材料作基质,浇营养液,或不用任何基质,而利用水培或雾培的方式进行育苗,称为无土育苗。按是否利用基质,又可分为基质育苗和营养液育苗,前者是利用蛭石、珍珠岩、岩棉等基质并浇灌营养液育苗;后者不用任何基质,只利用某些支撑物和营养液。育苗根据育苗的规模和技术水平,又分为普通无土育苗和工厂化无土育苗两种。普通无土育苗一般规模小、育苗成本较低,但育苗条件差,主要靠人工操作管理,影响秧苗的质量和整齐度;工厂化穴盘育苗是在完全或基本上人工控制的环境条件下,按照一定的工艺流程和标准化技术进行秧苗的规模化生产,具有效率高、规模大,育苗条件好,秧苗质量和规格化程度高等特点,但育苗成本较高。

图1　无土育苗的育苗盘

棉花营养钵育苗技术作为20世纪50年代我国研发的棉花重大栽培技术之一,其育苗用工多、技术要求高、移栽劳动强度大。无土育苗移栽技术的研发成功是棉花栽培史上的一次重大技术变革,它真正使棉花育苗实现工厂化,移栽实现了轻型化,它的推广将大大提高棉花生产的科技含量。无土育苗移栽技术的"四个有利":有利于节省棉花管理用工,解放劳动力;有利于促进良种规模化种植,提高棉花一致性的质量;有利于提高棉花育种水平,降低育苗风险;有利于降低棉花育苗成本,增加农民收入。

无土育苗是无土栽培中不可缺少的首要环节,并且随着无土栽培的发展而发展。目前,发达国家的无土育苗已发展到较高水平,实现了多种蔬菜和花卉的工厂化、商品化、专业化生产,棉花无土育苗的基质配备、苗床管理及机械化移栽等关键技术已申报国家发明专利。无土育苗由于采用了各种通透性好的无土基质和养分平衡的营养液,极大地改善了幼苗的生态条件,促进了幼苗的生长发育,所以与有土育苗相比,具有下列几个明显的特点:

第一,无土苗生长迅速、整齐,缩短了育苗周期。

第二,避免了苗期土壤传染性病害的侵染,也减轻了其他病害的发生。

第三,降低劳动强度,节水省肥,减轻土传病虫害。无土育苗按需供应营养和水分,省去了大量的床土和基肥,既隔绝了苗期土传病虫害的发生,又降低了劳动强度。

第四,便于运输、销售。无土育苗所用的基质一般容重轻,体积小,保水保肥性好,便于秧苗长距离运输和进入流通领域。

第五,提高空间利用率。无土育苗所用的设施设备规范化、标准化,可进行多层立体培育,大大提高了空间利用率,增加了单位面积育苗数量,节省了土地面积。

第六,幼苗素质高,苗齐、苗全、苗壮。由于设施形式、环境条件及技术条件的改善,无土育苗所培育的秧苗素质优于常规土壤育苗,表现为幼苗整齐一致,生长速度快,育壮苗指数提高。由于幼苗素质好,抗逆性强,根系发达、健壮,定植之后缓苗期短或无缓苗期,为后期生长奠定了良好的基础。

无土育苗与有土育苗相比,其缺点是要求更高的育苗设备和技术条件,成本相对较高,而且无土育苗根毛发生数量少,基质的缓冲能力差,病害一旦发生容易蔓延。

第二章 棉花节本增效技术的合理应用

棉花节本增效技术含义较广、内容丰富,是棉花栽培技术的综合创新,很多技术环节的应用,对棉花生产的可持续发展具有重要作用,但对该技术应该全面理解,掌握技术核心而灵活运用。该技术的应用具有区域性,受到生产条件的限制,也受到人们知识水平和认识程度的限制,不可生搬硬套。

一、区 域 性

我国棉区辽阔,涵盖黄河流域、长江流域、西北内陆和北方广大地区,由于各地种植制度不同,生产条件差异较大,高效节本技术也不应该雷同,因此各地应根据具体条件灵活运用。如简化栽培技术,西北内陆棉区的特点是种植密度大,无霜期短,由此产生的"密、矮、早"技术已相当成熟,如果照搬稀植、留叶枝的技术,势必造成减产。又如,干旱和盐碱地区,由于水源缺乏,肥力不足,生产条件恶劣,如果照搬无土育苗技术,很难收到理想效果,而在该地区推广高效配方施肥技术,能收到节省成本、提高产量的预期效果。

二、生产条件

生产条件是棉花节本增效技术应用的基础,生产条件不同,适宜的节本增效技术也不相同。一般情况下,生产条件越优越的地区,推广节本增效技术的条件越成熟。如在长江流域中下游地区,杂交棉种植面积占 90% 以上,在该地区推广应用简化栽培技术、配方施肥技术、无土育苗技术、地膜覆盖技术、化学调控技术等均较有利；黄河流域棉区植棉历史悠久，水肥条件较好，因此推广配方施肥技术、化学调控技术、地膜覆盖技术、简化栽培技术等条件成熟，而推广无土育苗技术较为困难；西北内陆棉区植棉历史较短，自然降水很少，无霜期短，但光照充足，除北疆外热量丰富，尤其是新疆生产建设兵团生产条件较好，因此最适宜推广的节本增效技术为地膜覆盖技术、配方施肥技术、化学调控技术和简化栽培技术等。

三、认识程度

对无土育苗的认识程度受当地植棉技术水平、棉农文化水平、接受新技术的难易程度等的影响很大。在过去推广营养钵育苗移栽的地区，棉农对培育壮苗有较丰富的实践经验，通过无土育苗技术与营养钵育苗技术的对比分析，棉农很容易理解无土育苗技术的优越性，对需要解决的问题心中有数，更能体会到无土育苗的轻便和快捷，也知道如何降低无土育苗成本和提高移栽成活率，而对于植棉技术相对落后的地区，推广应用这项技术的难度就较大。棉农的文化水平对无土育苗移栽技术的推广应用关系较大，基质配比、促根剂的合理应用、温度和湿度的调节等，需要一定的科学技术知识。

第三章 棉花品种创新与节本增效技术

一、黄河流域代表性品种

(一)中棉所41

品种来源 中棉所41是国审双价转基因抗虫棉,2000—2001年参加黄河流域抗虫棉区域试验,2001年参加生产试验,先后通过河南、山东、安徽、河北四省转基因安全性评价,2002年通过国家农作物品种审定委员会审定,2007年获得陕西省科技进步一等奖、农业部中华神农科技二等奖和中国农业科学院科技成果一等奖,2008年获得植物新品种保护权,2009年获得国家科技进步二等奖。

特征特性 中棉所41生育期130天,植株高度1米左右,筒形,叶片中等大小,叶色中绿。棉铃卵圆形,铃重5.8克,衣分41%,铃壳薄,铃嘴尖,吐絮畅。皮棉色泽洁白,有丝光,籽指11克,种子短绒灰白色。发芽出苗性能好,前期生长发育快,开花、结铃、吐絮早而集中。

产量表现 2000年在黄河流域抗虫棉区域试验中,每公顷皮棉和霜前皮棉产量分别为1278千克和1068千克,分别比对照抗虫杂交棉中棉所29增产1.4%和0.1%。2001年每公顷皮棉和霜前皮棉产量分别为1488千克和1396.5千克,均比对照品种抗虫杂交棉中棉所38增产3.1%。2001年参加生产试验,每公顷皮棉和霜前皮棉平均产量分别为1494千克和1402.5千克,比对照杂交棉中棉所38增产6.1%和5.4%。

纤维品质　农业部棉花品质监督检验测试中心检测:纤维上半部平均长度 29.7 毫米,比强度 30.6 cN·tex^{-1},麦克隆值 4.6,整齐度 85.4%,伸长率 6.4%,反射率 74.1%。

抗病虫性　抗病性鉴定结果,枯萎病指 13.7,黄萎病指 27.3,抗耐枯、黄萎病。2000—2001 年抗虫性鉴定结果,2 代棉铃虫蕾铃被害减退率分别为 72.0% 和 74.6%,3 代棉铃虫 3 龄以上幼虫存活率分别为 0 和 10%,抗棉铃虫性突出。

栽培技术要点

适时播种,合理密植　适宜播种期为 4 月下旬,采用地膜覆盖或营养钵育苗,北方高水肥地块密度以每公顷 4.4 万～5.25 万株为宜,中等肥力地块每公顷密度 5.25 万～5.7 万株。

科学施肥　要施足基肥,重施蕾花肥,补施盖顶肥,后期视长势情况追施叶面肥以防早衰。缺钾地块要及时施足钾肥,确保中后期生长活性。

适当应用生长调节剂　一般蕾期每公顷喷缩节胺 7.5～15克,初花期每公顷喷施 22.5 克,盛花期每公顷喷施 45～60 克为宜。

虫害管理　一般 2 代棉铃虫不需要防治,3 代后的棉铃虫视田间幼虫数量决定是否防治,一般百株幼虫达到 15 头,或百株 3 龄以上幼虫 10 头应采取化学防治。对棉蚜、红蜘蛛、盲椿象等害虫要及时防治。

适宜种植区域　该品种适宜黄河流域棉区推广种植。

(二)中棉所 45

品种来源　中棉所 45(原系号中 221)于 1996 年从中棉所种质资源圃 95-1 材料中系统选育,当年到海南加代,选系 961027,1997 年利用花粉管通道法对入选系 961027 进行抗虫基因(Bt+CpTI)转育,当年在海南加代,并进行抗虫性鉴定,决选抗棉铃虫

系为 759221(SGK-中 27),2000—2001 年参加黄河流域麦套棉棉
花品种区域试验,2002 年参加国家黄河流域麦套棉品种生产试
验,2003 年获得国家转基因生物安全生产证书,同年通过国家农
作物品种审定委员会审定。

特征特性 生育期 128~131 天,株高 82.0 厘米,果枝始节
6.3 节。植株呈塔形,茎秆粗壮,抗倒性强。叶片中等大小,缺刻
深,色泽深绿。结铃性强,单株结铃 15.6 个,铃椭圆形有尖,铃重
5.6 克,衣分 39%,霜前花率为 85% 以上,不孕籽率低,早熟性好,
吐絮畅且集中,絮色洁白,适于黄河流域棉区棉田春套或直播。

产量表现 2000—2001 年参加全国黄河流域麦棉套区域试
验,平均每公顷籽棉产量 3 393 千克,皮棉产量 1 297.5 千克,霜前
皮棉 1 126.5 千克,比对照中棉所 19 分别增产 20.7%、16.6% 和
12.8%,增产显著,霜前皮棉产量居参试品种第二位。推荐参加
2002 年全国黄河流域麦棉套种棉品种生产试验,籽棉、皮棉和霜
前皮棉产量分别为每公顷 3 750 千克、1 426.5 千克和 1 309.5 千
克,分别较对照豫 668 增产 23.0%、10.1% 和 5.9%,籽棉产量居
首位,皮棉、霜前皮棉产量分别为第二、第三位。

抗病虫性 经中棉所植保室网室和人工病圃鉴定,中棉所 45
棉铃虫顶尖被害率 4%,蕾铃被害率为 12.7%,虫害减退率为
78.7%,百株幼虫少于 5 头,减少防治棉铃虫化学农药用量 80%。
2002 年在国家黄河流域麦套棉生产试验中,枯萎病指 9.6,黄萎病
指 13.3,综合评价为抗枯萎病、兼抗黄萎病品种类型。

纤维品质 农业部棉花品质监督检验测试中心测定两年平均
结果:上半部平均长度 30.1 毫米,比强度 30.8cN・tex^{-1},整齐度
86.6%,品质优良,适于纺中高支棉纱。

栽培技术要点

适时播种 黄河流域棉区最佳播期 4 月 15~25 日,京津唐地
区播后应及时覆膜,长江流域棉区最佳播期 4 月 10~20 日,播后

覆膜或膜后播种均可。播后 7～10 天应及时查苗,缺苗及时补种,地膜棉要及时放苗,等苗长出 2～3 叶时及时间苗、定苗。

合理安排群体结构　黄河流域棉区留苗每公顷 3 万～5.25 万株,长江流域棉区,密度 2.55 万～3 万株。

科学追肥　应遵循轻施蕾肥,重施初花肥,补施花铃肥的原则,6 月中旬现蕾前后,每公顷追施尿素 105～112.5 千克,7 月上中旬开花初期重施花铃肥,每公顷磷酸二铵 150～225 千克和尿素 150～225 千克,混合一次施用。8 月上旬如有缺肥现象,可追施 2～3 次叶面肥。

及时防治虫害　一般年份 2 代铃虫不需防治,3、4 代棉铃虫常年也可以不治,如遇严重发生年份,可结合其他害虫兼治。但盲椿象、棉蚜、红蜘蛛、棉蓟马等应引起重视,治早、治彻底。

及时灌水　一般在 6 月下旬至 7 月初,棉花现蕾后期到开花初期,结合施肥培土灌头水,随后每隔 16～20 天再浇一次水,灌水次数应视旱情而定,常年黄河流域在 8 月 20 日前后不再灌水,长江流域棉区可推迟至 8 月下旬。

合理化学调控　促营养生长与生殖生长的协调发展,一般应掌握温度调控为主,一般棉田全生育期化学调控 3 次,现蕾至初花期每公顷缩节胺用量为 7.5～15.0 克,加水 300 升;盛花期用缩节胺 22.5～30.0 克,加水 600 升;花铃期用缩节胺 22.5～30.0 克,加水 750 升。

适宜种植区域　中棉所 45 适宜黄河流域春播和春套种植。

(三)中棉所 57

品种来源　中棉所 57(中杂 302)是中国农业科学院棉花研究所以高产、广适的双价转基因抗虫棉中棉所 41 为母本,以自育的优质、抗黄萎病的常规棉品系中 077 为父本,经多年多点测试选育而成的杂交棉新品种。该品种自 2003 年参加多点杂交棉试验以来,2004～2005 年参加黄河流域杂交棉区域试验,2005 年参加生产试验,同年获得转基因生物生产应用安全评价[证书号:农基安证字(2005)第 244 号],2006 年通过国家农作物品种审定委员会审定(国审棉 2006009)。

特征特性 该杂交种株高 1 米左右,植株塔形,下部果枝上举,中上部果枝较平展,通风透光性好,茎秆柔韧,茎叶茸毛稀少。叶片中等偏大、平展,叶色中绿。铃卵圆形,五瓣居多。种子短绒灰白色,出苗好。生长前期长势稳健,中后期长势强,整齐度高。结铃性强,早熟性好,生育期 132 天,现蕾、开花、吐絮集中。霜前花率 93.3%,单铃重 6.3 克,衣分 40% 以上,籽指 11.3 克,吐絮畅,皮棉洁白有丝光,易采收。产量高,稳定性较突出。

产量表现 2004 年黄河流域杂交棉区域试验中,平均每公顷籽棉、皮棉和霜前皮棉产量分别为 3 657 千克、1 503 千克和 1 395 千克,分别比对照增产 24.3%、26.0% 和 28.1%。2005 年平均每公顷籽棉、皮棉和霜前皮棉产量分别为 3 711 千克、1 495.5 千克和 1 404 千克,比对照分别增产 14.2%、16.9% 和 16.9%。两年36 个试验点次平均,每公顷皮棉和霜前皮棉产量分别为 1 500 千克和 1 399.5 千克,比对照分别增产 21.3% 和 22.1%。2005 年参加黄河流域生产试验,平均每公顷皮棉和霜前皮棉产量分别为 1 455 千克和 1 414.5 千克,分别比对照增产 11.5% 和 11.6%,该品种高产稳产的主要原因是结铃性强、铃大、衣分高,对逆境抗性好。

纤维品质 经农业部棉花纤维品质监督检验测试中心两年测试结果:纤维上半部平均长度 29.5 毫米,比强度 29.5cN · tex^{-1},麦克隆值 4.7,整齐度 84.9%,伸长率 6.7%,反射率 74.5%,品质较优。

抗病虫性 抗棉铃虫性强。国家区域试验 2004—2005 年鉴定结果,2 代棉铃虫蕾铃被害减退率分别为 76.2% 和 71.55%,3

代棉铃虫 3 龄以上幼虫死亡率分别为 98% 和 100%,居所有参试品种之首。高抗枯萎病、耐黄萎病。2004—2005 年抗病性鉴定结果,枯萎病指分别为 4.3 和 3.0,黄萎病指分别为 18.7 和 25.9,均居参试品种中前列。

栽培技术要点

科学施肥　中棉所 57 早熟性好,结铃性较强,需肥量大,要施足基肥,重施蕾花肥。基肥以农家肥为主,氮肥一半作基肥,另一半作追肥,磷、钾肥全部作基肥。及时喷施叶面肥。中后期视情况,喷施叶面肥,提高叶面光合能力,防止早衰。

适时播种,确保密度　采用地膜覆盖或营养钵育苗,密度以每公顷 2.7 万株为宜,麦棉套种密度 37 500 株左右。

化学调控　适当应用生长调节剂,用量以少为宜,注意开花期的调控,防止旺长。

加强管理　该品种前期长势稳健,现蕾节位较低,要求整枝彻底,地膜覆盖或营养钵育苗可摘去下部 1~2 果枝的早蕾,防止烂铃和早衰。

适宜种植区域　中棉所 57 适应性较强,主要适合黄河流域春播和麦棉春套移栽种植,长江流域部分棉区也可种植。

(四)中棉所 64

品种来源　中棉所 64(中 825)是由中国农业科学院棉花研究所以 sGK 中 27 为母本与常规夏棉中 394 为父本杂交,自 F_2 代群体采用生化辅助育种方法,筛选棉株体内 SOD、POD 和 CAT 酶活性高的个体育成。该品种于 2004—2005 年参加黄河流域棉区夏播棉品种区域试验,2006 年参加生产试验,同年获得国家转基因生物生产应用安全证书[农基安证字(2006)第 316 号],2007 年通过国家农作物品种审定委员会审定。

特征特性　生育期 104 天,塔形,较紧凑,株高 66 厘米。出苗好,前期长势旺,中期平稳。植株较矮,茎秆粗壮,青紫色,着生稀茸毛,抗倒性好。果枝始节 5.7 节,叶片中等偏小,深绿色。开花结铃集中,结铃性强,上铃快,单株有效铃 8.3 个,铃重 5.3 克,衣分 38.6%,籽指 10.0 克,吐絮洁白,品质较好。

产量表现 2004—2005 年参加黄河流域棉区夏棉品种区域试验,平均每公顷籽棉产量 2 818.5 千克,皮棉产量 1 089.0 千克,霜前皮棉产量 1 008.0 千克,分别较对照品种中棉所 30 增产 19.2%、17.5% 和 17.9%。2006 年黄河流域棉区夏棉品种生产试验,平均每公顷籽棉产量 2 929.5 千克,皮棉 1 140.0 千克,霜前皮棉 1 071.0 千克,居参试品种第一位。

纤维品质 农业部棉花品质监督检验测试中心测试:纤维上半部平均长度 29.9 毫米,比强度 29.2 cN·tex^{-1},麦克隆值 4.2,各项品质指标搭配合理。

抗病虫性 中国农业科学院生物研究所检测,中棉所 64 的 Bt 蛋白含量在每克 467～540 微克之间,抗虫株率达到 100%,中棉所植保室统一鉴定抗虫性,2 代棉铃虫蕾铃被害率 1.58%～9.98%,减退率 97.9%～79.5%,3 代棉铃虫幼虫校正死亡率达 100%,综合评定达抗虫以上水平。枯萎病指 8.0～12.4,为耐病水平,黄萎病指 28～31.1,达耐病水平。

栽培技术要点 播种期 5 月 20～25 日,在小麦行间播种,或 5 月 10 日前后育苗,麦收后 6 月中旬以前移栽。苗期田间管理:麦田套种夏棉,麦收后要及时灭茬,灌提苗水,施提苗肥,以促苗早发。密度:麦套种夏棉合理密度,每公顷 7.5 万～10.5 万株,单株留果枝 7～10 个。初花期至花铃期喷施缩节胺 2～3 次,每次每公顷用原粉 7.5～37.5 克。一般 2 代棉铃虫可以不防治,如遇虫害严重的年份可喷施药 1～2 次,对其他害虫如棉蚜、棉蓟马、盲椿象、红蜘蛛、隆背花薪甲等应及时防治。

适宜种植区域 适于黄河流域棉区的轻病区作麦套夏棉种

植,也适于晋北、辽宁和甘肃等特早熟棉区作一熟春棉种植。

(五)中棉所69

品种来源　中棉所69是中国农业科学院棉花研究所培育的双价转基因抗虫棉品种,以国审双价转基因抗虫棉中棉所41为母本,非转基因棉品系077为父本杂交,采用系谱法选择育成,2006—2007年参加河南省中熟棉区域试验,2007年参加生产试验,同年获得农业转基因生物安全证书[农基安证字(2007)第107号],2008年通过河南省农作物品种审定委员会审定(豫审棉2008002)。

特征特性　中棉所69生育期121天左右,株高105厘米,植株筒形,叶片中等大小,叶色中绿,茎叶茸毛稀少。铃卵圆形,铃重6.2克,铃壳薄,铃嘴尖,吐絮畅。衣分41.3%,籽指10.9克,霜前花率95%以上。种子短绒灰白色。发芽出苗性能好,前期生长发育快,开花、结铃、吐絮早而集中,抗棉铃虫性突出。

产量表现　2006—2007年参加河南省春棉区域试验,两年平均结果,每公顷皮棉和霜前皮棉产量分别为1 491.0千克和1 428.8千克,分别比对照鲁棉21增产10.1%和10.7%。2007年生产试验,平均每公顷皮棉和霜前皮棉产量分别为1 303.5千克和1 200.0千克,比鲁棉21增产7.0%和5.2%。

抗病虫性　中棉所69在河南省两年区域试验鉴定结果,中棉所69枯萎病指8.9,黄萎病指23.8,抗枯萎病,耐黄萎病。抗虫性鉴定结果,2代棉铃虫蕾铃被害减退率分别为72.0%和74.6%,3代棉铃虫3龄以上幼虫存活率为0,抗虫株率100%,Bt蛋白表达量613.53纳克·克$^{-1}$,高抗棉铃虫。

纤维品质　2006—2007年农业部棉花品质监督检验测试中心检测:上半部平均长度29.7毫米,比强度28.6 cN·tex^{-1},麦克隆值4.9,整齐度85.5%,伸长率6.5,纺纱均匀性指数为140.6。

栽培技术要点

适期播种,合理密植 营养钵育苗以 4 月 15 日前后播种为宜;露地直播以 4 月 25 日左右播种为宜。一熟棉田每公顷以 4.5 万～5 万株为宜,麦棉套种每公顷 5 万～5.5 万株。

科学肥水管理 中棉所 69 需肥量大,适当增施有机肥或磷、钾肥,重施基肥和花铃肥,早施蕾肥,早喷叶面肥,适当补施微量元素。后期视长势情况追施叶面肥以防早衰。

及时中耕与整枝打顶 在中耕除草松土的基础上,结合深施蕾肥,起垄培土。当棉苗出现果枝后,应及时去掉部分叶枝,棉株有 13～18 个果枝时,根据长势即可打顶,提倡打小顶,摘掉 1 叶 1 心。

适时化学调控 蕾期、花铃期和打顶后可用化学药剂调控,遵循"少量多次,一次用量不宜过大"的原则。

做好病虫害防治 2 代棉铃虫可不防治。当蚜虫、盲椿象、红蜘蛛等害虫的发生量达到防治指标时,应及时进行防治。

适宜种植区域 该品种适宜在河南省棉区种植,该省周边相似生态区也可引种种植。

(六)创杂棉 20 号

品种来源 创杂棉 20 号是由河北省农林科学院与创世纪转基因技术有限公司合作育成的转 Bt 基因抗虫棉杂交种,2005—2006 年参加黄河流域棉区杂交春棉组品种区域试验,2007 年通过国家农作物品种审定委员会审定(国审棉 2007003)。

特征特性 出苗好,苗期长势一般,中后期生长势强,整齐度好,不早衰。株型松散,茎秆粗壮,叶片中等偏大、绿色,铃卵圆形,苞叶大,吐絮畅,抗枯萎病,耐黄萎病,抗棉铃虫。黄河流域棉区春播生育期 122 天,株高 108 厘米,第一果枝节位 7.5 节,单株结铃 15.3 个,铃重 6.8 克,衣分 38.0%,籽指 11.4 克,霜前花率

93.2％。

产量表现　2005 年参加黄河流域棉区杂交春棉组品种区域试验,每公顷籽棉、皮棉及霜前皮棉产量分别为 3 847.5 千克、1 456.5 千克和 1 356.0 千克,分别比对照中棉所 41 增产 20.9％、16.0％和 15.2％。2006 年参加黄河流域棉区杂交春棉组品种区域试验,每公顷籽棉、皮棉和霜前皮棉产量分别为 3 763.5 千克、1 434.0 千克和 1 336.5 千克,分别比对照鲁棉研 15 增产 10.4％、3.8％和 2.2％。

2006 年生产试验,每公顷籽棉、皮棉和霜前皮棉产量分别为 3 598.5 千克、1 399.5 千克和 1 326.0 千克,分别比对照鲁研棉 15 增产 3.1％和减产 1.6％、3.8％。

抗病虫性　中国农业科学院棉花研究所植保室鉴定结果,该品种抗枯萎病,耐黄萎病,其中 2005 年枯、黄萎病指分别为 3.9 和 17.7,大田枯萎和黄萎指数分别为 3.9 和 20.0;2006 年枯、黄萎病指分别为 8.2 和 23.7,大田枯、黄萎指数分别为 2.0 和 14.7。抗棉铃虫,2005 年和 2006 年 Bt 蛋白表达量分别为 645.87 纳克·克$^{-1}$和 936.20 纳克·克$^{-1}$,田间罩笼及室内叶片喂食抗虫性鉴定,对棉铃虫的抗性级别达到抗级。

纤维品质　农业部棉花品质监督检验测试中心测定:纤维上半部平均长度 30.4 毫米,断裂比强度 30.4 cN·tex^{-1},麦克隆值 4.8,断裂伸长率 6.7％,反射率 74.2％,黄度 7.8,整齐度 84.9％,纺纱均匀性指数 148。

栽培技术要点　地膜棉田 4 月 15～22 日,直播棉田 4 月 25 日至 5 月 1 日播种。每公顷种植密度高水肥地 2.25 万～3 万株、中等水肥地 3 万～3.75 万株、瘠薄旱地 3.75 万～4.5 万株。播种前每公顷施磷酸二铵 300～450 千克,钾肥 225 千克,尿素 150 千克。地膜棉田在初花期前和花铃期应及时追肥浇水,一般每公顷施尿素 225～375 千克,后期根据需要补施盖顶肥。根据棉田长势,适当化学调控,每公顷缩节胺用量为:蕾期 22.5～30 克,花铃期 37.5～45 克。注意及时防治地下害虫、盲椿象、蚜虫、红蜘蛛等棉田害虫。

适宜种植范围 适宜在河北东南部、中南部,山东北部,河南中部、北部等黄河流域棉区春播种植。

(七)鑫杂 086

品种来源 鑫杂 086 是济南鑫瑞种业科技有限公司与中国农业科学院生物技术研究所合作,以中棉所 17 选系 318 系为母本、中棉所 41 选系 107 为父本杂交选育的杂交棉新品种,2007 年 11 月通过国家农作物品种审定委员会审定(国审棉 2007011)。

特征特性 鑫杂 086 春套种植生育期 120 天,出苗好,前中期生长势较强,后期长势一般,整齐度较好。株型较松散,株高 97 厘米,茎秆茸毛少,叶片较大、深绿色,第一果枝节位 7.1 节;单株结铃 17.4 个,铃卵圆形,吐絮畅,铃重 6.5 克,衣分 38.4%,籽指 11.7 克,霜前花率 93.6%。

产量表现 在 2005—2006 年黄河流域棉区麦棉套组品种区域试验中,平均每公顷籽棉、皮棉和霜前皮棉产量分别为 4 000.5 千克、1 534.5 千克和 1 437.0 千克,分别比对照中棉所 45 增产 19.7%、23.0%和 29.1%。在 2006 年生产试验中,每公顷籽棉、皮棉和霜前皮棉产量分别为 3 514.5 千克、1 362.0 千克和 1 258.5 千克,分别比对照中棉所 45 增产 16.7%、18.5%和 24.7%。在 2005—2006 年黄河流域棉区麦棉套组品种区域试验中,平均籽棉、皮棉和霜前皮棉产量均居参试品种第一位。

纤维品质 经农业部棉花品质监督检验测试中心测定,2005—2006 年区域试验两年平均:纤维上半部平均长度 29.2 毫米,断裂比强度 29.9 cN·tex^{-1},麦克隆值 5.0,断裂伸长率 6.7%,反射率 72.3%,黄度 8.5,整齐度 84.9%,纺纱均匀性指数

141。2006 年生产试验：上半部平均长度 30.1 毫米，断裂比强度 30.3 cN · tex^{-1}，麦克隆值 5.2，断裂伸长率 6.2％，反射率 73.1％，黄度 7.8，整齐度 85.5％，纺纱均匀性指数 145。

抗病性　2005—2006 年黄河流域区域试验抗病性鉴定，两年平均枯萎病指 17.1，黄萎病指 21.9，属于耐枯萎病，耐黄萎病品种。2006 年经中国农业科学院生物技术研究所抗虫鉴定：抗虫株率 100％，平均 Bt 蛋白表达量 470.0 纳克·克$^{-1}$，抗棉铃虫。

栽培技术要点

适期播种　黄河流域棉区棉麦套种的在 4 月中下旬播种。

合理种植密度　一般地块每公顷 2.25 万～3 万株，高肥水地块每公顷 1.8 万～2.25 万株，低肥水地块每公顷 3 万～3.75 万株。

合理施肥　施足基肥，早施追肥，重施花铃肥，增施磷、钾肥。

合理化学调控　使用缩节胺化学调控，掌握早施、多次和适量的原则。

科学治虫　2 代棉铃虫一般年份不需防治，在 3、4 代棉铃虫卵孵化高峰期应及时进行药剂防治，全生育期注意防治棉蚜、红蜘蛛、盲椿象等非鳞翅目害虫。

适宜种植区域　适宜河北南部，山东西北部、西南部，河南东部、北部和中部，江苏、安徽淮河以北的黄河流域棉区春套种植。不宜在枯萎病和黄萎病重病区种植。

（八）邯 5158

品种来源　邯 5158 由河北省邯郸市农业科学院育成，1996 年配置杂交组合，组合为邯 93-2×GK12。邯 93-2 为邯郸市农业科学院自育的抗病、高产品系，GK12 是中国农业科学院生物技术研究所育成的 Bt 转基因抗虫棉品种。1996 年冬之后逐年进行南繁加代，北方病圃中多次进行定向选育，于 2000 年从 F$_7$ 群体中选育出较稳定的 78 系,2001 年品系比较试验,进一步优中选优,从中选出 51、58 两个优系,当年海南扩繁后混和命名邯 5158,2002—2003 年参加黄河流域春棉品种区域试验,2004 年参加黄河流域春棉 A 组生产试验,2006 年 6 月通过国家农作物品种审定委员会审定。

特征特性　生育期 136 天,株高 89.2 厘米,植株塔形,茎秆较硬,茸毛多,结铃性强,铃卵形,铃重 5.2 克,衣分 40.5%,籽指 9.9 克,铃壳薄,吐絮畅而集中,易采摘,早熟不早衰。

产量表现　2002—2003 年黄河流域春棉品种区域试验结果:每公顷籽棉总产 3 351 千克,比对照增产 14.2%,皮棉总产 1 357.5 千克,比对照增产 10.0%,霜前皮棉 1 243.5 千克,较对照增产 12.3%。2004 年黄河流域春棉 A 组生产试验,籽棉每公顷产量 3 301.5 千克,比对照增产 11.5%;皮棉总产 1 330.5 千克,比对照增产 9.1%;霜前皮棉 1 266 千克,比对照增产 11.1%。

抗病性　该品种经中国棉花研究所植保室进行抗病性鉴定,2002—2003 年两年平均枯萎病指 2.3,黄萎病指 19.7,鉴定结果为高抗枯萎病、抗黄萎病品种。

纤维品质　由农业部棉花纤维品质监测中心检测:纤维上半部平均长度 29.6 毫米,比强度 28.4cN·tex^{-1},麦克隆值 4.4。

栽培技术要点

科学施肥　以基肥为主,追肥为辅。一般每公顷施有机肥 6～7 米^3,磷酸二铵 500～600 千克,氯化钾 225～300 千克。初花期追肥,每公顷追尿素 150～300 千克。8 月 10 日后酌情补追盖顶肥,每公顷追尿素 75～120 千克,或喷叶面肥 2～3 次。追肥后及时浇水,特别是后期浇水可有效提高铃重及品质。

适时早播,合理密植　最佳播期 4 月 15～28 日,育苗移栽可在 4 月初下种。一般种植密度每公顷 5.7 万～6.7 万株,株距 25～30 厘米,行距 70 厘米,高水肥棉田可加大行距至 80～100 厘米,密度每公顷 4.5 万~5.25 万株。

全程化学调控 遵循"少量多次、前促、中控、后防衰"的原则,缩节胺在初花期每公顷用 15~22.5 克,以协调营养生长和生殖生长,盛花期每公顷用 20~35 克,以控制旺长,防蕾铃脱落。

及时打顶,精细整枝 强调早打顶、打小顶,做到"枝到不等时,时到不等枝",一般在 7 月 15~25 日打顶,平均留 13~15 个果枝。采取打群尖,去赘芽,减空枝,去老叶等一系列精细整枝措施,改善田间通风透光条件,减少落铃,烂铃,增加铃重,促早熟,提高产量及品质。

及时防治棉田病虫害 着重防治地老虎、棉蚜、红蜘蛛及盲椿象等害虫。苗蚜及红蜘蛛可用吡虫啉+哒螨灵 1 500 倍液喷洒,喷洒要细致,不能遗漏,可连喷 2 遍。

适宜种植区域 该品种适宜在黄河流域春播棉区推广种植。

(九)邯杂 98-1

品种来源 邯杂 98-1(KZ11)是河北省邯郸市农业科学院育成的高产、优质、抗病虫三系杂交棉。组合为邯抗 1A×邯 R174,母本邯抗 1A 为陆地棉胞质雄性不育系,1995 年利用从泗棉 3 号抗虫系中选育的优良抗系,进行选株自交并与本院自主育成的陆地棉胞质雄性不育系 104-7A 回交转育 6 代以上而成的抗虫不育系。父本邯 R174 为恢复系,1991 年用具有恢复加强基因的有限果枝类型邯 R 系作母本与中 206 杂交,经过多代定向选择和育性、配合力检测,于 1995 年育成具有育性好、配合力高、衣分高的优良恢复系。1999—2000 年参加河北省春播抗虫棉区域试验和生产试验,2004 年 12 月获得转基因安全评价证书,2005 年 3 月通过河北省农作物品种审定委员会审定(冀审棉 2005001 号),2004—2005 年参加国家黄河流域春播棉区域试验和生产试验,2006 年通过国家农作物品种审定委员会审定(国审棉 2006007)。

特征特性 全生育期 121 天,株高中等,94.0 厘米,株型较紧,茎秆茸毛多,第一果节短。叶片较大、平坦,叶色淡绿,蕾铃多,苞叶大,铃中等偏大,铃重 5.70 克,卵圆形。结铃性好,内围成铃多,单株结铃 18.6 个,衣分高,衣分 40.7%,籽指 9.9 克,第一果枝着生节位 6.6 个,霜前花率 97.7%。出苗旺,前中期长势强,后期长势转弱,整齐度较好。吐絮畅,易采摘。耐枯黄萎病。抗棉铃虫。

产量表现 2004—2005 年两年国家区域试验平均结果:每公顷产籽棉、皮棉和霜前皮棉分别为 3 766.5 千克、1 534.5 千克和 1 446.0 千克,分别比对照中棉所 41 增产 21.7%、24.2% 和 26.2%,均居第一位。

抗病虫性 2004—2005 年经中国农业科学院植保所鉴定:平均枯萎病指 14.8,黄萎病指 21.2,耐枯、黄萎病;抗虫性达到抗级。

纤维品质 经农业部棉花纤维品质监督检测中心测定:上半部平均长度 29.6 毫米,比强度 29.2cN·tex^{-1},麦克隆值 4.5,伸长率 6.6%,反射率 75.5,黄度 8.0,整齐度 84.0%,纺纱均匀性指数 139。

栽培技术要点

施肥 施足基肥,以粗肥为主,化肥为辅,增施钾肥,重施花铃肥。播前每公顷施优质有机肥 60 米^3,碳酸氢铵 750 千克,过磷酸钙 750 千克,氯化钾 225 千克。

适时播种 育苗移栽棉田于 4 月上旬育苗,地膜棉于 4 月中下旬播种,裸地棉田于 4 月 25 日左右播种。

合理密植 一般棉田每公顷 4.5 万～5.25 万株,高肥水棉田 3 万～4.5 万株,每公顷不宜超过 5.25 万株;免整枝棉田 1.8 万～3 万株。

科学防治病虫害 2 代棉铃虫发生期,一般不用防治,3、4 代棉铃虫发生高峰期需化学防治,并注意对地下害虫、棉蚜、红蜘蛛、盲椿象等非鳞翅目害虫的防治。

适时化学调控 该杂交棉前中期长势强,后期长势转弱,前中期适时化学调控,后期缩节胺用量宜减少。

适宜种植区域 该品种适宜在黄河流域棉区高产田推广种植。

(十)晋棉50号

品种来源 转基因抗虫棉新品种晋棉50号(原名SX02)由山西省农业科学院棉花研究所与中国科学院遗传与发育生物学研究所合作研制,于2006—2007年参加山西省棉花区域试验,2008年通过山西省农作物品种审定委员会审定(晋审棉2008002),同年获得国家农业转基因生物安全证书[农基安证字(2008)第003号]。

特征特性 晋棉50号全生育期125天左右,属于陆地棉中熟品种,植株整齐呈筒形,生长势强不早衰,株高100~110厘米。茎秆粗壮不倒伏,叶片掌状深绿、较大,层次清晰,通透性较好,后期叶功能保持时间长。铃卵圆形,铃壳薄,吐絮畅,絮色洁白。果枝13~15个,铃重5.5~6克,衣分40.3%~41.2%,籽指11.4克,果枝舒展,层次清晰。结铃习性强,单株铃数18个。

产量表现 晋棉50号于2006—2007年参加山西省棉花区域试验,平均每公顷籽棉产量4 264.5~4 461.0千克,比对照中棉所41增产7.8%~9.0%;皮棉产量1 717.5~1 836千克,比对照增产11.27%~13.97%。

抗病虫性 晋棉50号高抗枯萎,轻感黄萎。2007—2008年抗病性鉴定结果,枯萎病指3.0~9.8,反应型高抗;黄萎病指23.5~35.8,反应型为耐。该品系黄萎病发病较迟,后期叶功能保持时间长,有利于棉铃正常成熟。由于晋棉50号长势较强,因此更加适宜在轻盐碱地和部分老茬地种植。

晋棉 50 号抗棉铃虫性能稳定,对 2 代棉铃虫抗性达到高抗水平。据山西省棉花区域试验调查,2 代棉铃虫百株残虫 0.42 头,3 代棉铃虫百株残虫 0.57 头。中国农业科学院棉花研究所植保室 2007 年检测,在 2 代、3 代棉铃虫发生期,百株幼虫数量、顶尖被害率、蕾铃被害率均明显低于其受体品种,差异达极显著水平。另外,2007 年经中棉所对外源抗虫基因表达 Bt 杀虫蛋白定量检测,其花期和铃期棉叶中 Bt 杀虫蛋白表达量均高于当地主栽抗虫棉品种。

纤维品质 经农业部棉花纤维品质监督检测中心测试,2006—2007 两年结果平均值为:上半部长度 30.2 毫米,整齐度 83.8%,断裂比强度 28.4 cN·tex^{-1},伸长率 6.7%,麦克隆值 5.0,反射率 75.6%,黄度 8.65,纺纱均匀性指数 134.5。纤维品质符合国家所规定的标准。

栽培技术要点

施肥料及浇水 播种前施足农家肥,并控氮增磷增施钾肥作基肥。4 月上旬浇足底墒水适期播种。采用地膜覆盖,保苗灵拌种减轻苗期根病,氟乐灵喷洒地面除草。盛蕾期至初花期浇头水并追施尿素 15～20 千克。

合理密植 每公顷留苗 4.5 万～5.25 万株,肥地宜稀,瘠薄地宜密。

适量适时化学调控 坚持适时适量全程化学调控,第 8、12、16 叶期和打顶后少量多次喷施缩节胺,塑造丰产株型。

害虫防治 对棉铃虫以外的地老虎、棉蚜、蓟马、红蜘蛛、烟粉虱、盲椿象等害虫及时防治。棉铃虫一般发生年份 2 代不防治,3、4 代适时适量防治,大发生年份对 2、3 代棉铃虫应适时防治。

适宜种植区域 该品种适宜山西省中南部棉区推广种植。

（十一）鲁棉研 27 号

品种来源　鲁棉研 27 号（原代号鲁 9154）是山东棉花研究中心与中国农业科学院生物技术研究所合作，采用山东棉花研究中心选育的综合性状优良的鲁 613 系为母本、泗棉 3 号转 Bt 基因抗虫棉选系鲁 55 系（GK-12 初始系）为父本，杂交选育而成的转 Bt 基因抗虫棉新品种。2001—2002 年参加黄河流域麦套棉区域试验，2003 年进入生产试验，2006 年通过国家农作物品种审定委员会审定（国审棉 2006013）。

特征特性　鲁棉研 27 号为早中熟品种，全生育期 132 天，比对照豫 668 早 4 天，铃重 5.3 克，衣分 41.8%，籽指 10.2 克。该品种株高中等，叶片中等大小，叶色深绿，果枝上冲，株型较紧凑，前期发育快，长势稳健，耐阴雨，抗逆性强，适应性广，赘芽少，易管理，开花结铃集中，结铃性强，上桃快，铃卵圆形，铃壳薄，烂铃轻，吐絮肥畅、集中，易收摘，霜前花率高，早熟不早衰。

产量表现　在 2001—2002 年黄河流域麦套棉区域试验中，平均每公顷皮棉和霜前皮棉产量分别为 1 582.5 千克和 1 483.5 千克，其中 2001 年皮棉和霜前皮棉产量分别比对照中棉所 19 增产 29.3% 和 30.3%；2002 年分别比对照豫 668 增产 9.1% 和 13.2%。2003 年生产试验，平均每公顷皮棉和霜前皮棉产量分别为 1 018.5 千克和 961.5 千克，分别比对照豫 668 增产 10.8% 和 17.8%。

抗病虫性　据国家棉花区域试验指定抗病鉴定单位中国农业科学院棉花研究所鉴定，鲁棉研 27 号枯、黄萎病指分别为 2.42 和 18.48，高抗枯萎病，对黄萎病亦达到抗性水平。高抗棉铃虫。

纤维品质　农业部纤维品质监督检测中心两年测定结果平均，纤维上半部平均长度 29.6 毫米，比强度 30.9 cN·tex^{-1}，麦克隆值 4.8。

栽培技术要点

适期播种 4月中下旬播种,不宜过早。播前应造好墒,力争一播全苗。

适当增加密度 鲁棉研27号株型较紧凑,株高中等,应适当增加密度,发挥群体增产优势。山东省一般每公顷种植4.95万～5.70万株较为适宜,具体依据地力和管理水平而定。地力条件好的地块,密度可小些;反之,密度可大些。

合理施肥 重施有机肥作基肥,增施磷、钾肥。6月底或7月初见花重施花铃肥,7月20日前后再补施一次,后期可根据情况进行叶面喷肥。

适度化学调控 地力条件较好、密度较大的棉田,应在盛蕾期开始化学调控,而地力一般、长势偏弱的棉田,化学调控应掌握在梅雨期来临前进行。无论什么类型棉田,都应掌握少量多次、前轻后重的原则。

科学治虫 2代棉铃虫一般不需喷药防治,3、4代棉铃虫视发生轻重防治1～2次,及时防治棉蚜、红蜘蛛、蓟马、盲椿象等非鳞翅目害虫。但在2代棉铃虫大发生年份,应在卵孵化高峰期辅以化学防治。

适宜种植区域 该品种适于黄河流域棉区麦(油)棉春套种植、滨海盐碱地适当晚春播种植,以及在有效积温相对较低的西北内陆棉区春播种植。

(十二)鲁棉研30号

品种来源 鲁棉研30号(原代号鲁H208)是山东棉花研究中心与中国农业科学院生物技术研究所合作,以本所选育的综合性状优良的常规棉新品系鲁8626为母本,泗棉3号转Bt基因抗虫棉gK-12选系鲁35为父本杂交而成的杂交棉品种。该品种于2003—2004年参加山东省区域试验,2006年参加生产试验,2005

年推荐参加全国黄河流域区域试验,表现突出,2006 年同时进行生产试验,2007 年 3 月通过山东省审定(鲁农审 2007021 号),2007 年 8 月通过国家农作物品种审定委员会审定。

特征特性 鲁棉研 30 号出苗好,苗齐壮,长势较强,整齐度好;叶片中等偏大,叶色中深,果枝节位较高,中下部果枝与主茎夹角较小,株型较紧凑,茎秆粗壮,长势旺而稳健,赘芽少,易管理;开花结铃较集中,结铃性强,铃卵圆,大而均匀,铃壳薄,烂铃轻,吐絮肥畅、集中,易收摘。综合山东省和全国黄河流域区域试验、生产试验结果,全生育期 121~130 天,株高 101~110 厘米,果枝始节位 7.2~7.5 节,单株果枝数 13.3~14.6 个,铃重 6.0~6.7 克,籽指 10.5~11.6 克,衣分 39.6%~40.6%,霜前花率 93.2%。

产量表现 2003—2004 年参加山东省区域试验,平均皮棉和霜前皮棉产量每公顷分别为 1 457.6 千克和 1 357.2 千克,分别比对照中棉所 29 增产 12.40% 和 10.78%;2005—2006 年黄河流域杂交棉品种区域试验,其中 2005 年籽棉、皮棉和霜前皮棉产量每公顷分别为 3 649.5 千克、1 440.0 千克和 1 341.0 千克,分别比对照中棉所 41 增产 14.7%、14.7% 和 13.9%;2006 年籽棉、皮棉和霜前皮棉产量每公顷分别为 3 744.0 千克、1 488.0 千克和 1 389.0千克,分别比对照鲁棉研 15 号增产 9.9%、7.7% 和 6.2%。2006 年黄河流域生产试验,籽棉、皮棉和霜前皮棉产量每公顷分别为 3 667.5 千克、1 474.5 千克和 1 405.5 千克,分别比对照鲁棉研 15 号增产 5.1%、3.7% 和 2.0%。

抗病性 黄河流域区域试验抗病虫性鉴定,两年平均:枯萎病指 3.7,黄萎病指 20.4,均优于抗病对照豫棉 21 号。表现为高抗枯萎病,耐黄萎病,高抗棉铃虫。

纤维品质 经农业部棉花纤维品质监督检验测试中心测定:全国区域试验两年结果平均,纤维上半部平均长度 30.5 毫米,比强度 31.8 cN · tex^{-1},麦克隆值 4.8,整齐度 85.6%,伸长率

6.7%,反射率 73.0%,黄度 8.4,纺纱均匀性指数 155。生产试验测试结果:纤维上半部平均长度 30.9 毫米,比强度 32.5 cN·tex^{-1},麦克隆值 4.8,整齐度 85.9%,伸长率 6.7%,纺纱均匀性指数 159。山东省区域试验两年测试结果平均:纤维上半部平均长度 31.1 毫米,比强度 31.9 cN·tex^{-1},麦克隆值 4.7,整齐度 85.5%,伸长率 6.7%,反射率 75.0%,黄度 8.7,纺纱均匀性指数 152.5。表现为纤维长度、强力、细度等主要经济指标搭配合理,而且纤维洁白,有丝光,外观好。

栽培技术要点

适期播种 营养钵育苗应在 4 月初播种,5 月上旬移栽;地膜直播棉田一般在 4 月 20 日前后播种。播前要精细造墒,力争一播全苗。

合理稀植,简化整枝 山东棉区密度一般每公顷 3.3 万～4.2 万株,黄淮流域南部及长江中下游棉区一般每公顷种植 2.4 万～3 万株。在肥水较好的地块应适当稀一些,并可简化整枝,每株保留 2 个营养枝,而在中等以下地力,则适当密一些。山东南部棉区,光热条件好,土质较肥沃,密度应小一些,北部棉区则应大一些。

平衡施肥 重施有机肥作基肥,增施磷、钾肥;于 6 月初追施苗蕾肥,每公顷追施尿素、磷酸二铵各 112.5 千克;6 月底见花重施花铃肥,每公顷追施尿素 187.5 千克、磷酸二铵 150 千克,并在 7 月 20 日前后,根据长势情况,追施盖顶肥,一般每公顷施尿素 75～112.5 千克。

化学调控 盛蕾后注意化学调控,掌握少量多次、前轻后重的原则。一般蕾期每公顷施用助壮素 30～60 毫升或缩节胺 7.5～15 克,对水 150～225 升;初花期每公顷用助壮素 60～90 毫升或缩节胺 15～22.5 克,对水 225～375 升,盛花期每公顷用助壮素 120～150 毫升或缩节胺 30～37.5 克,对水 600 升,均匀喷施。

科学治虫 2 代棉铃虫一般不用化学防治,但在大发生年份应在卵孵化盛期进行化学防治,3、4 代棉铃虫视发生轻重防治 1～2 次。及时防治棉蚜、棉红蜘蛛、盲椿象等非鳞翅目害虫。

适宜种植区域　鲁棉研 30 号适于黄淮流域棉区中上等地力棉田春套或春直播种植。

(十三)山农圣棉 1 号

品种来源　山农圣棉 1 号是由山东农业大学与山东圣丰种业科技有限公司联合育成的转基因抗棉铃虫棉花新品种,2006—2007 年参加黄河流域春棉区域试验和生产试验,2008 年通过国家农作物品种审定委员会审定。

特征特性　该品种为转抗虫基因中熟常规品种,黄河流域棉区春播生育期 123 天。种子较大,饱满,出苗较好,前期长势中等,中期长势较好,后期不早衰。株型较松散,株高 100.3 厘米,茎秆微紫、粗壮,抗风直立,不倒伏;果枝较长,叶片中等偏大、色深绿,第一果枝节位 6.5 节,铃卵圆形,铃壳薄,吐絮畅,吐絮集中,易采摘,铃重 6.2 克,衣分 39.4%,籽指 11.3 克,霜前花率 93.0%。群体通透性好,无赘芽,烂桃少。

产量表现　2006 年参加黄河流域棉区中熟常规品种区域试验,每公顷籽棉、皮棉及霜前皮棉产量分别为 3 733.5 千克、1 470 千克和 1 366.5 千克,分别比对照鲁棉研 21 增产 11.6%、6.8% 和 5.2%。2007 年继续参试,每公顷籽棉、皮棉及霜前皮棉产量分别为 3 681 千克、1 471.5 千克和 1 368 千克,分别比对照鲁棉研 21 增产 14.1%、8.5% 和 7.8%。2007 年参加生产试验,每公顷籽棉、皮棉、霜前皮棉产量均居首位,分别为 3 519 千克、1 414.5 千克和 1 336.5 千克,分别比对照鲁棉研 21 增产 13.4%、8.9% 和 9.7%。

抗病虫性　高抗棉铃虫,全生育期对盲椿象有一定的驱避性。枯萎病指 3.8,高抗枯萎病;黄萎病指 21.3,耐黄萎病。后期叶片功能好,不早衰,具有一定的耐旱性。

纤维品质 农业部棉花品质监督检测中心测试结果:纤维上半部平均长度 29.8 毫米,断裂比强度 29.6 cN·tex^{-1},麦克隆值 4.8,断裂伸长率 6.4%,反射率 74.4%,黄度 8.1,整齐度 85.2%,纺纱均匀性指数 145。

栽培技术要点

适宜宽行密植 一般中等肥力棉田每公顷种植 4.5 万株,并随地力增减而适当变化;高肥力地块每公顷种植 3 万株左右。宜采用地膜栽培,并适期早播,以降低节位,促进早熟。

早施、重施花铃肥 以充分适应喜肥水和开花结铃集中对肥水的需求,适当补充营养以调节群体营养生长与生殖生长的关系。

防治虫害 棉田 1 代棉铃虫的防治以保尖为重点,一般发生年份在卵高峰期喷药防治 1~2 次,发生严重地块和大发生年份,适当增加防治次数;棉田 2、3 代棉铃虫的防治,以保蕾、保铃为重点,视发生情况及时除治,以免造成危害。

适宜种植区域 该品种适宜黄河流域棉区推广种植。

(十四)银 瑞 361

品种来源 银瑞 361 是德州市银瑞棉花研究所与中国农业科学院生物技术研究所从 sGK321 后代系统选育的棉花新品种,2007 年通过山东省农作物品种审定委员会审定(鲁农审 2007015)和国家农作物品种审定委员会审定(国审棉 2007001)。

特征特性 银瑞 361 为转抗虫基因常规棉,中熟,黄河流域棉区春播生育期 120 天,出苗旺,长势强,整齐度好,早熟不早衰。株型松散,株高 97 厘米,茎秆粗壮,果枝长,叶片中等大小、深绿色,第一果枝节位 6.9 节,单株结铃 16.4 个,铃卵圆形,吐絮肥畅集中,铃重 6.3 克,衣分 39.3%,籽指 11.3 克,霜前花率 94.4%。

产量表现 在黄河流域棉区常规春棉组品种区域试验中,

2005 年每公顷籽棉、皮棉和霜前皮棉产量分别为 3 973.5 千克、1 567.5 千克和 1 486.5 千克,分别比对照中棉所 41 增产 18.8%、19.2%和 19.8%,均居参试品种第一位;2006 年每公顷籽棉、皮棉和霜前皮棉产量分别为 4 053.0 千克、1 587.0 千克和 1 491.0 千克,分别比对照鲁棉研 21 号增产 16.8%、13.6%和 12.2%,均居参试品种第一位。在 2006 年生产试验中,每公顷籽棉、皮棉和霜前皮棉产量分别为 3 747.0 千克、1 495.5 千克和 1 423.5 千克,分别比对照鲁棉研 21 号增产 12.3%、11.0%和 8.5%,均居参试品种第一位。

抗病虫性 2006 年经中国农业科学院生物技术研究所抗虫鉴定,抗虫株率 100%,平均 Bt 蛋白表达量 705.34 纳克·克$^{-1}$,高抗棉铃虫。

2005—2006 年黄河流域区域试验抗病性鉴定,平均枯萎病指 9.9,黄萎病指 20.7,鉴定为抗枯萎病,耐黄萎病。

纤维品质 经农业部棉花品质监督检验测试中心测定:2005—2006 年区域试验纤维上半部平均长度 30.4 毫米,断裂比强度 30.7 cN·tex^{-1},麦克隆值 4.8,断裂伸长率 6.7%,反射率 73.4%,黄度 7.7,整齐度 85.4%,纺纱均匀性指数 150;2006 年生产试验测定,上半部平均长度 30.5 毫米,断裂比强度 31.7 cN·tcx^{-1},麦克隆值 4.7,断裂伸长率 6.5%,反射率 74.1%,黄度 7.9,整齐度 86.0%,纺纱均匀性指数 157。

栽培技术要点

适期播种,合理密植 营养钵育苗应在 3 月底至 4 月初播种,5 月上旬移栽;地膜直播棉田一般在 4 月 20 日左右播种。一般地块每公顷种植 4.5 万～5.25 万株,高肥水地块每公顷种植 3.75 万～4.5 万株,低肥水地块每公顷种植 5.25 万～6 万株。

合理施肥和化学调控 施足基肥,增施磷、钾肥,早施重施花铃肥,适时喷施三元复合肥,后期进行叶面补肥。化学调控掌握早施、匀施和适量的原则。

科学治虫 2代棉铃虫一般年份不需防治,3、4代棉铃虫卵孵化高峰期应及时进行药剂防治,全生育期注意防治棉蚜、红蜘蛛、盲椿象等非鳞翅目害虫。

适宜种植区域 适宜河北,山东北部、西南部,河南北部、中部,江苏、安徽淮河以北,天津,山西南部,陕西关中的黄河流域棉区春播种植。

(十五)鲁棉研 28 号

品种来源 鲁棉研 28 号由山东棉花中心和中国农业科学院生物技术研究所合作选育,亲本为(鲁棉 14 号×石远 321)F₁ 与多父本混合授粉,经系统选育而成,2002—2003 年参加黄河流域区域试验,2004 年参加生产试验,2006 年通过国家农作物品种审定委员会审定(审定编号:国审棉 2006012)。

特征特性 麦田套种全生育期 138 天。株型较松散,株高 90.4 厘米,茎秆坚韧,茸毛中密,叶片中等大小,全株腺体中密,果枝始节位 6.8 节,单株结铃 15.7 个,铃圆形,铃尖微突,铃壳薄,吐絮畅而集中,单铃重 5.8 克,衣分 41.5%,籽指 10.8 克,霜前花率 88.6%。出苗势一般,整个生育期生长发育稳健,中后期叶功能较强,不早衰。

产量表现 2002—2003 年参加黄河流域棉区麦套棉组品种区域试验,每公顷皮棉和霜前皮棉产量分别为 1 443 千克和 1 278 千克,分别比对照豫 668 增产 15.6%和 16.2%。2004 年参加生产试验,每公顷皮棉和霜前皮棉产量分别为 1 435.5 千克和 1 353 千克,分别比对照中棉所 45 增产 20.1%和 23.1%。

抗病虫性 高抗枯萎病,耐黄萎病,抗棉铃虫。

纤维品质 经农业部棉花品质检测中心测试:纤维上半部平均长度 29.9 毫米,断裂比强度 29.4cN·tex⁻¹,麦克隆值 4.7,断裂伸长率 7.4%,反射率 76.0%,黄度 7.6,整齐度 84.8%,纺纱均匀性指数 137。

栽培技术要点

合理密植　每 667 米^2 种植密度 2 800～3 200 株。

施肥原则　多施有机肥,注意氮、磷、钾肥的配比,尤其要注意增施钾肥,重施花铃肥。

科学化学调控　一般情况下蕾期、初花期和盛花期各化学调控 1 次。

害虫防治　2 代棉铃虫一般情况下不施药防治,3、4 代棉铃虫各防治 1～2 次,重点防治苗蚜、棉叶螨、伏蚜和盲椿象等非鳞翅目害虫。

适宜种植区域　适宜在河北南部,山东,河南北部、中东部,江苏、安徽淮河以北黄河流域棉区麦田春套种植。

二、长江流域代表性品种

(一)中棉所 48

品种来源　中棉所 48(原名中杂 3 号,中 0088)是中国农业科学院棉花研究所以丰产性能较好的 971 300 为母本,以纤维品质优异的 951 188 为父本培育的大铃、优质杂交棉新品种。其中母本 971 300 是本所选育的丰产、早熟、抗病虫能力强的新品系,父本 951 188 是本所将徐州 553 经原子能诱变后,选得的一个优质大铃新材料。2002—2003 年参加安徽省区域试验,2003 年参加生产试验,2004 年通过安徽省农作物品种审定委员会审定。

特征特性　生育期 135 天,植株呈塔形,株型稍松散,通透性好。茎秆有茸毛、较硬。叶片中等大小,叶色深绿,缺刻深,掌状。结铃性强,果枝始位 6.0 节,单株果枝数 17.2 个,单株铃数 24.8

个。铃卵圆形较大,铃重 6.5 克以上,籽指 12.6 克,衣分 39.0%,霜前花率 81.07%。吐絮畅集中,易收摘,絮色洁白。现蕾稍晚,雌雄蕊乳白色。

产量表现 2002—2003 年参加安徽省棉花品种区域试验,两年平均每公顷籽棉、皮棉、霜前皮棉产量分别为 3 208.5 千克、1 263.0 千克和 1 024.5 千克,分别比对照皖杂 40 增产 11.7%、5.7%、5.1%。

抗病性 区域试验抗病性检测结果,枯萎病指 17.6,黄萎病指为 28.2,均达到耐病水平。

纤维品质 农业部棉花品质监督检验测试中心检测结果(ICC 标准),两年平均:2.5% 跨长 30.3 毫米,整齐度 49.2%,比强度 24.8 cN·tex^{-1},麦克隆值 5.0。品质优良,适于纺中高支棉纱。

栽培技术要点 在长江流域棉区,密度每公顷 1.8 万～2.1 万株;黄河流域南部棉区,密度每公顷 2.25 万～2.7 万株。前期施肥以有机肥为主,氮、磷、钾肥配合使用,重施花铃肥,注意增施磷、钾肥,中后期及时喷叶面肥和补施盖顶肥,以充分发挥单株结铃和铃重的潜力。根据棉花长势及气候情况实施化学调控。注意防治棉花病虫害,对蓟马、棉蚜、红蜘蛛等棉田害虫应及时防治。

适宜种植区域 该品种适宜在安徽省及其周边省的春棉地种植。

(二)中棉所 63

品种来源 中棉所 63(原代号中 001)是中国农业科学院棉花研究所和生物技术所以常规陆地棉新品系 9053 为母本,以国产双价转基因(Bt＋CpTI)抗虫棉 sGK9708 选系 P4 为父本,培育成的杂交种。该品种于 2004—2005 年参加长江流域棉花品种区域试验,2006 年参加长江流域棉花品种生产试验,同年获得转基因生物安全证书［农基安证字(2006)第 219 号和第 220 号］,2007 年通过国家农作物品种审定委员会审定(审定编号:国审棉 2007017)。

特征特性　植株塔形,生育期 125 天,株高 109.50～121.0 厘米,出苗较好,果枝紧凑,茎秆茸毛少。叶片中等大小,叶色较深。铃卵圆形,吐絮畅。果枝 17.8 个,单株成铃 25.5～29.5 个,铃重 5.7～6.6 克,衣分 40.9%～41.5%,籽指 9.8～10.3 克,霜前花率 88.5%～93%。

产量表现　2004—2005 年长江流域国家棉花品种区域试验结果,中棉所 63 平均每公顷籽棉产量为 3 567.3 千克,比对照湘杂棉 2 号增产 10.1%;平均皮棉产量 1 478.6 千克,比对照湘杂棉 2 号增产 10.0%,居参试品种第一位。每公顷霜前皮棉产量 1 310.4 千克,比对照增产 10.2%。2006 年长江流域生产试验结果,每公顷籽棉和皮棉产量分别为 3 876.0 千克和 1 585.5 千克,分别比对照湘杂棉 8 号增产 0.4% 和 2.3%。

纤维品质　农业部棉花品质监督检验测试中心检测,2004—2005 年测试平均:上半部平均长度 30.0 毫米,断裂比强度 29.1 cN·tex^{-1},麦克隆值 4.8,断裂伸长率 7.0%,反射率 76.1%,黄度 8.2,整齐度 84.2%,纺纱均匀性指数 139。

抗病虫性　华中农业大学鉴定,枯萎病相对病指 14.1～10.7,为耐枯萎病;黄萎病相对病指 15.6～22.0,抗级为耐。江苏省农业科学院植物保护研究所抗棉铃虫性鉴定,平均抗性级别为 3.8,综合抗性级别为高抗。华中农业大学抗红铃虫性鉴定,2004 年种子虫害率 3.6%,比对照减少 64.5%,抗虫级别为抗;2005 年种子虫害率 0.8%,比对照减少 93.4%,抗虫级别为高抗。

栽培技术要点

适时播种,合理密植　冬闲田和套种田 4 月上旬营养钵育苗,油(麦)后棉 4 月 20 日前后营养钵育苗,地膜覆盖直播的在 4 月

10～20 日播种,播前抢晴天晒种 2～3 天。一般地力田块每公顷种植 2.4 万～3.0 万株。

配方施肥 基肥重施有机肥,酌情轻施苗肥,蕾期忌施速效氮肥,及时重施花铃肥,补施盖顶肥,后期注意防早衰。每公顷施纯氮 375 千克、纯磷 195 千克、纯钾 375 千克。

全程化学调控 2.5％助壮素每公顷用量:苗期 60 毫升,蕾期 90～120 毫升,花期 180～240 毫升。

适宜种植区域 适宜长江流域棉区种植,不宜在枯萎病和黄萎病重病区种植。

(三)中棉所 66

品种来源 中棉所 66(中 CJ03B)是中国农业科学院棉花研究所和生物技术研究所以常规陆地棉品系中 9018 为母本,以国产双价转基因抗虫棉中棉所 45 为父本,培育成的双价转基因抗虫棉杂交种。该品种于 2005—2006 年参加长江流域区域试验,2006 年参加长江流域生产试验,2007 年获得农业部颁发的《农业转基因生物安全证书(生产应用)》[农基安证字(2007)第 150 号],2008 年通过国家农作物品种审定委员会审定(审定编号:国审棉2008020)。

特征特性 该杂交种生育期 123 天,植株塔形,株型较紧凑,株高 112 厘米。果枝较长、平展,茎秆粗壮。叶片中大,深绿色,铃卵圆形,吐絮畅。单株成铃 26.8 个,铃重 6.1 克,衣分 41.5％,籽指 10.1 克,霜前花率 93.5％。该品种早熟性、丰产性、稳产性好。

产量表现 2005—2006 年长江流域区域试验,平均每公顷籽棉产量 3 777.0 千克,比对照湘杂棉 2 号和湘杂棉 8 号平均增产11.5％,居参试品种第一位;每公顷皮棉产量 1 566.0 千克,比对照平均增产 15.1％,增产极显著;每公顷霜前皮棉产量 1 467.0 千克,比对照平均增产 14.6％。

纤维品质　农业部棉花品质监督检验测试中心检测：上半部平均长度 29.6 毫米，断裂比强度 28.6 cN·tex⁻¹，麦克隆值 5.1，断裂伸长率 6.6%，反射率 76.2%，黄度 8.3，整齐度 84.7%，纺纱均匀性指数 138。

抗病虫性　江苏省农业科学院植保所 2005—2006 年抗棉铃虫性鉴定，两年综合平均抗性值 3.58，抗级为高抗。华中农业大学 2004—2005 年抗红铃虫性鉴定，高抗红铃虫，其中 2005 年的虫害率为 2.58%，比对照减少 79.5%；2006 年种子虫害率 2.23%，比对照减少 88.7%。

华中农业大学 2005—2006 年抗病性鉴定，表现为抗枯萎病、耐黄萎病。其中 2005 年枯萎病指 8.5，2006 年枯萎病指 6.9。2005 年黄萎病指 28.4，2006 年黄萎病相对抗指 20.4。

栽培技术要点

适时播种与合理密植　麦套棉或冬闲地，营养钵育苗的在 4 月初进行；油（麦）后移栽棉在 4 月 20 日左右，抢晴晒种 2～3 天后及时播种。一般每公顷种植 2.4 万～3.0 万株，根据地力肥瘦、肥料投入及管理水平而定。

配方施肥　基肥重施有机肥，酌情轻施苗肥，蕾期忌施速效氮肥，及时重施花铃肥，补施盖顶肥。每公顷施纯氮 375 千克，氮、磷、钾比例以 1∶0.5∶1 为宜。

全程化学调控　2.5% 助壮素每公顷用量：苗期 60 毫升，蕾期 90～120 毫升，花期 180～240 毫升。

注意病虫害综合防治，特别要加强对红蜘蛛、棉蚜和盲椿象等非鳞翅目害虫的防治。

适宜种植区域　该杂交种适宜长江流域棉区推广种植。

（四）国丰棉 12

品种来源　国丰棉 12（原名绿亿 12）是合肥丰乐种业和淮南

绿亿研究所以自育品系 R1018 为母本,以结铃性强、品质优及抗虫稳定的品系 Y29 为父本,2001 年配制杂交组合,2002 年进行品系比较试验,2003—2004 年进行品种比较试验,并进行抗病性、纤维品质检测和抗虫鉴定,2005 年参加长江流域区域试验,2006 年进行同步生产试验,2007 年通过国家农作物品种审定委员会审定并命名(国审棉 2007016)。

特征特性 国丰棉 12 属转基因中熟杂交一代品种,长江流域春播生育期 124 天。出苗好,苗期长势强,不早衰,整齐度好。株高 112 厘米,植株塔形,紧凑,通透性好。茎秆多茸毛,粗壮。果枝较长,平展。叶片中等大小,深绿色。第一果枝节位 6.0 节,铃卵圆形,结铃性强,铃重 5.7 克。衣分 42.3%,籽指 10.52 克,霜前花率 94.5%。吐絮畅,易采摘,絮色洁白,品质优。

产量表现 2005 年参加长江流域棉区春棉组品种区域试验,每公顷籽棉、皮棉和霜前皮棉平均产量分别为 3 462 千克、1 461 千克和 1 368 千克,分别比对照湘杂棉 2 号增产 16.9%、20.5%和 23.9%;2006 年续试,每公顷籽棉、皮棉和霜前皮棉平均产量分别为 3 912 千克、1 657.5 千克和 1 578 千克,分别比对照湘杂棉 8 号增产 3.5%、12.0%和 12.5%。2006 年生产试验,每公顷籽棉、皮棉和霜前皮棉平均产量分别为 3 921 千克、1 621.5 千克和 1 537.5 千克,分别比对照品种湘杂棉 8 号增产 1.6%、4.6%和 4.3%。

纤维品质 两年长江流域区域试验结果,农业部棉花品质监督检验测试中心测定:纤维上半部平均长度 29.7 毫米,断裂比强度 29.0 cN・tex^{-1},麦克隆值 5.1,断裂伸长率 6.6%,反射率 75.4%,黄度 8.4,整齐度 84.9%,纺纱均匀性指数 140。该品种纤维色泽洁白,外观品质好。

抗病虫性 经华中农业大学农学系人工病圃鉴定,枯萎病指为 9.8,黄萎病指为 34.7,为抗枯、耐黄萎病品种。中国农业科学院植物保护研究所将其鉴定为转 Bt 基因抗虫品种。

栽培技术要点

适时早播，培育壮苗 播前晒种 1～2 天，提高发芽率，4 月上中旬选晴朗天气播种，齐苗后及时揭膜晒床，防止高脚苗和烧苗；遇到阴雨天应及时盖膜保温；呋喃丹、甲基硫菌灵和多菌灵结合使用，防止棉花苗期病虫害，保证一播全苗，培育壮苗。

及时移栽，合理密植 苗龄在 3～4 叶时移栽，一般肥力的棉田密度为每公顷 2.0 万～2.2 万株，较高肥力水平棉田每公顷可栽 1.9 万～2.0 万株，管理粗放且肥力水平低的棉田每公顷可栽 2.2 万～2.4 万株。

科学施肥 施肥应掌握以下原则：基肥足，增施钾肥，重施花铃肥，速效肥与长效肥结合使用。基肥一般每公顷用尿素 150～180 千克、钾肥 150～200 千克，或用三元复合肥 200～300 千克；蕾期根据苗情用尿素对水喷施；初花期于 6 月下旬或 7 月上旬每公顷用尿素 150～200 千克、氯化钾 150～200 千克，采用打穴深施方法施用。打顶后，如果棉花缺肥可以用尿素对水喷施，缺钾的田块可以加钾肥一起喷施。

科学化学调控 掌握前轻、中适、后重，少量多次的原则。肥水条件较好，长势旺的棉田，8～10 片真叶时，每公顷用缩节胺 10～15 克，长势一般的田，不宜化学调控；施花铃肥时，每公顷用缩节胺 15～20 克，打顶后 7 天，根据长势，每公顷用缩节胺 30～45 克，以达到封顶的目的。

防治病虫害 当蚜虫、红蜘蛛、盲椿象等害虫的发生量达到防治指标时，应及时使用吡虫啉、达螨灵、高效氯氰菊酯等高效低残留化学药剂进行防治，并加强对 4～5 代棉铃虫的防治，注意采用轮换用药的方法，提高防治效果。

精细整枝 现蕾后要彻底清除营养枝和空枝，并及时抹掉赘芽，改善田间通风透光条件，减少烂铃。一般当果枝数达到 18～20 个时即可以打顶，最迟打顶时间一般不超过立秋。

适宜种植区域 该品种已经取得农业转基因生物应用安全证书(转基因生物名称为 GKz43),适宜在河南南阳、江苏、安徽淮河以南,江西、湖北北部、湖南、四川和浙江的长江流域棉区春播种植。

(五)湘杂棉 11 号

品种来源 湘杂棉 11 号是湖南省棉花研究所利用双价转基因抗虫棉品系石远 321 选系 E 27 为父本,以本省选育的湘棉 14号选系湘 V23 为母本选育的高优势杂交组合。该品种于 2002—2003 年参加湖南省抗虫棉品种区域试验与生产试验,2004—2005年通过国家长江流域棉花区域试验与生产试验,2005 年获得湖南、湖北农业转基因安评性评价安全证书(农基安评代号 SgKZ11),2006 年通过国家农作物品种审定委员会审定(国审棉2006016)。

特征特性 湘杂棉 11 号全生育期 126 天,属中熟偏早类型。株高 113 厘米,茎秆粗壮不倒伏,果枝下长上短,呈塔形。叶片中等大小,叶色深绿,叶功能期长。果枝 16.6 个,果枝与主茎角度较小、上举,植株清秀,通透性好。结铃性强,铃卵圆形,5 室铃多,铃重 6.2 克。吐絮畅,易采摘,花色洁白有丝光。衣分 40.7%,籽指11.3 克,霜前花率可达 89%以上。

产量表现 2002—2003 年湖南省棉花区域试验结果:平均每公顷籽棉、皮棉产量分别为 4 055.7 千克和 1 639.5 千克,分别比对照增产 14.8%和 11.1%,均达到极显著水平。2004—2005 年长江流域棉花区域试验结果:平均每公顷籽棉和皮棉产量分别为3 451.4 千克和 1 402.8 千克,分别比对照增产 8.1%和 6.2%,达到显著水平。2005 年长江流域生产试验结果,平均每公顷籽棉、皮棉和霜前皮棉产量分别为 3 253.8 千克、1 364.4 千克和 1 287.9千克,分别比对照增产 7.5%、8.8%和 10.6%。

抗病虫性　2004—2005 年华中农业大学利用网室人工接虫进行抗红铃虫鉴定,湘杂棉 11 号种子虫害率 2.0%,比对照减少 17.7%,抗虫级别高抗。江苏省农业科学院植保所进行抗棉铃虫鉴定,叶片杀虫蛋白含量 1 155.0 纳克·克$^{-1}$,结果为高抗棉铃虫。2001 年华中农业大学人工病圃鉴定,枯萎病指 12,黄萎病指 30.4,为耐枯、黄萎病品种。

纤维品质　湖南省棉花区域试验检测结果:纤维上半部平均长度 32.3 毫米,整齐度 85.7%,比强度 32.9 cN·tex^{-1},麦克隆值 4.8,纺纱均匀性指数 159。长江流域棉花区域试验测试:纤维上半部平均长度 31.2 毫米,比强度 31 cN·tex^{-1},麦克隆值 5.0,纺纱均匀性指数 146.8。

栽培技术要点

适时播种　4 月中旬抢晴天播种,营养钵大钵育苗,做到湿钵、干籽、润盖土,及时架拱盖膜。

合理密植　放宽行距(行距要求在 1 米以上),降低密度。每公顷平湖区中等肥力地种植 1.65 万～1.95 万株,丘岗地、沙地种植 1.8 万～2.1 万株。

及时移栽促早发　一般要求在 5 月 20 日前移栽完毕,移栽时要求苗高 15 毫米、真叶三四片、红茎不过半、叶片无病斑、白根布满钵。在打眼后,做到分穴点肥,每公顷施用进口三元复合肥 60～75 千克。

科学施肥　要求坚持基肥足、提苗肥速、蕾肥稳、花铃肥重、盖顶肥适、壮桃肥补、叶面肥保的施肥原则。重施钾肥,钾肥要在苗期、蕾期、花铃期分次施用。

合理化学调控　化学调控应根据棉花长势长相,掌握"前轻、中适、后重、少量多次、全程化学调控"的原则进行。一般蕾期每公顷施用缩节胺 12～15 克,花铃期 22.5～30 克,打顶后 5～7 天 52.5～60 克;对棉苗长势较旺以及 6～7 月多雨期间,应酌情增加用量。

病虫防治 在棉花苗蕾期和吐絮期对鳞翅目害虫抗虫性好，Bt蛋白质含量高，在结铃盛期花、蕾抗棉铃虫性稍低于苗蕾期和吐絮期。前期以防治蚜虫与红蜘蛛为主，中后期以防治盲椿象和斜纹夜蛾为主，在8月中下旬，9月上旬棉铃虫重发年代注意第4～5代盛孵期防治，结合防治盲椿象、斜纹夜蛾喷药1～2次即可，后期重点防治棉花红蜘蛛、盲椿象和斜纹夜蛾。

适宜种植区域 该杂交种适宜长江流域棉区推广种植。

（六）鄂杂棉28

品种来源 鄂杂棉28(荆01-80)由湖北省荆州市农业科学院选育，母本为鄂抗棉9号选系，父本荆016449是抗虫新品系。该品种于2003—2004年参加湖北省杂交棉区域试验，2005—2006年参加长江流域区域试验，2007年参加长江流域生产试验。2005年获得农业转基因生物安全证书[农基安证字(2005)第160号]。2007年通过湖北省农作物品种审定委员会审定（鄂审棉2007003），2008年通过国家农作物品种审定委员会审定（国审棉2008019）。

特征特性 生育期123天，植株呈塔形，株型较紧凑，株高中等。果枝较长、平展，茎秆粗壮，无茸毛。叶片中等大小，叶色淡绿。该品种结铃性较强，棉铃分布均匀。铃卵圆形，铃重6.2克。衣分41.7%，籽指10.4克，早熟性好，霜前花率94.8%，僵瓣率11.5%。出苗好，长势强，整齐一致，铃壳薄，吐絮畅。

产量表现 2003—2004年湖北省杂交棉区域试验结果，两年平均：每公顷籽棉、皮棉产量分别为3 432.0千克和1 375.5千克，分别比对照鄂杂棉1号增产3.2%和0.59%。2005—2006年长江流域杂交棉区域试验结果，每公顷籽棉和皮棉产量分别为3 537.0千克和1 474.5千克，分别比对照增产4.7%和8.3%。

2007 年长江流域生产试验结果,每公顷平均籽棉和皮棉产量分别为 3 712.5 千克和 1 552.5 千克,分别比对照湘杂棉 8 号增产 4.7% 和 11.2%,霜前皮棉比对照增产 11.4%。

纤维品质 2003—2004 年纤维品质检测结果:纤维上半部平均长度 31 毫米,比强度 33.3 cN·tex^{-1},麦克隆值 4.9,纺纱均匀性指数 157。2005—2006 年长江流域春棉区域试验纤维品质检测结果:纤维上半部平均长度 29.9 毫米,断裂比强度 29.8 cN·tex^{-1},麦克隆值 4.9,纺纱均匀性指数 142。

抗病虫性 长江流域春棉区域试验病害鉴定,平均枯萎病指 11.4,属于耐枯萎病品种;黄萎病指 21.6,属耐黄萎病品种。棉铃虫综合抗性值 47,平均抗性级别 3.9。华中农业大学植物科技学院鉴定为高抗红铃虫,网罩接虫鉴定籽害率 1.5%。中国农业科学院生物技术研究所 Bt 抗虫蛋白检测,顶叶内杀虫蛋白含量最高时每克鲜重达 1 086.20 纳克,蕾、花瓣、铃内杀虫蛋白含量最高时每克鲜重含量分别达 228.71 纳克、991.49 纳克和 624.45 纳克。

栽培技术要点 施足基肥,适当稀植。氮、磷、钾比为 1:0.5:1,基肥占总施肥量的 40%,增施有机肥,轻施苗肥,稳施蕾肥,重施花铃肥,补施盖顶肥,延长有效结铃期。肥力中等田块,密度以每公顷 27 000 株为宜。及时中耕、起垄、高培土。生育期视棉花长势长相合理化学调控,遵循少量多次的原则。适时打顶,搞好整枝抹芽。抓好各期的病虫害防治,重点是盲椿象的防治。

适宜种植区域 该品种适宜长江流域枯萎病和黄萎病轻病区推广种植。

(七)海杂棉 1 号

品种来源 海杂棉 1 号是湖南省岳阳市农科所选育的高产、稳产、早熟、多抗、优质棉花杂交种。1982 年用陆地棉品种洞庭 1 号作母本,海岛棉品种 8763 依作父本配制陆海杂交组合,1984 年用洞庭 1 号与其 F_2 回交,1985 年用陆地棉大桃品系 8518 与其 F_3 回交。经过 21 年的选育,培育出优质棉品系 3068,具有优质、多抗、大桃、高产特性。1999 年开展抗虫、抗病品种选育,经过杂交、回交转育,多代选择,培育成大桃、高抗新品系 3001。2002 年配制 3001×3068 组合,2003 年进行组合鉴定试验,2004 年进行比较试验,2005—2006 年参加湖南省棉花区域试验,2006 年同时参加湖南省生产试验,2007 年通过湖南省农作物品种审定委员会审定并命名。

特征特性　生育期 120 天左右,属中早熟品种类型。植株塔形,茎秆少毛,果枝 20～21 个,始果节位 4～6 节。子叶叶片较大,肾形,真叶中等大小,深绿色。果枝与主茎夹角适中,通风透光性好。花冠花药为乳白色。结铃早,结铃性好,单株成铃 40～45 个。铃卵圆形,4～5 室,铃重 6～6.5 克,铃壳薄,吐絮畅,易采摘。皮棉色泽洁白,有丝光,手感柔软光滑。种子卵圆形,深黑色,有短绒,籽指 11.0～11.5 克,衣指 7.3 克,衣分 40.7%,霜前花率 85% 以上。

产量表现　2005 年湖南省棉花区域试验,每公顷产皮棉 1 666.7 千克,比对照湘杂棉 2 号增产 13.6%,达极显著水平。2006 年每公顷产皮棉 1 995.0 千克,比对照湘杂棉 8 号增产 2.3%。2006 年同时参加新品种生产试验,每公顷产皮棉 1 947.6 千克。

抗病虫性　2006 年人工枯、黄萎病鉴定,枯萎病相对病指 15.8,黄萎病相对病指 22.3,耐枯、黄萎病。生产试验田间调查,枯、黄萎发病株率为 0。示范试种田间基本无棉铃虫、红铃虫为害。

纤维品质　2005—2006 年区域试验取样,经农业部棉花品质监督检验测试中心测定:上半部平均长度 30.1 毫米,整齐度 85%,比强度 30.9 cN·tex^{-1},麦克隆值 5.0,纺纱均匀性指数

146.6。

栽培技术要点

适时播种、培育壮苗　4月上中旬抢晴天营养钵育苗，注意苗床温、湿度调节。出苗后保温降湿防病苗，出真叶后控温调湿育大苗，移栽前揭膜通风炼壮苗。

及时移栽、合理密植　出苗后25～30天，叶龄3叶左右时移栽，一般要求5月20日前移栽完。大田种植密度每公顷1.9万株左右。行距100～110厘米，株距50厘米。

合理施肥，加强管理　该品种属早中熟品种类型，开花结铃早，成铃率高。因此必须施足基肥，移栽后早施追肥，搭好丰产架子；花铃肥应早施、重施，防止中期脱肥，其中氮素施用量占总施肥量50％以上，初花期施第一次花铃肥，盛花期施第二次花铃肥，补施盖顶肥，确保后期结铃成桃。施肥方式以穴施或沟施为主。多施有机肥，加强氮、磷、钾配合施用，注意增施硼、锌等微量元素肥料。一般要求每公顷施氮400千克左右，五氧化二磷110～125千克，氧化钾375～400千克，硼肥7.5千克，锌肥15千克。

合理化学调控，塑造理想株型　苗期以促为主，蕾铃期合理化学调控，看苗、看天、看地，少量多次，前轻后重施用缩节胺，将株高控制在120厘米左右。及时整枝、打顶，确保田间通风透光，提高坐桃率。

做好抗旱、排渍及病虫防治　遇干旱天气及时抗旱。深开中沟，围沟排渍，确保棉花根系生长，控制棉病危害。苗期防治炭疽病、立枯病。苗蕾期及时化学防治棉蚜、红蜘蛛等，对花铃期及吐絮期的红蜘蛛、斜纹夜蛾、棉铃虫、红铃虫等棉花害虫应根据虫情测报做好防治。

及时采摘　海杂棉1号杂交棉早熟性好，在开始吐絮后，要及时采摘，防止因秋雨造成烂铃和僵瓣，以确保棉花品质和丰产丰收。

适宜种植区域 该杂交种适宜于湖南省轻病棉区种植,不宜在病地种植。

(八)徐杂3号

品种来源 徐杂3号是江苏省徐州市农科所以高产抗病品系徐412作母本,以转基因抗虫品系GK19为父本育成的杂交种。2001—2002年通过江苏省杂种棉区域试验,2004年通过江苏省杂种棉生产试验,2006年获得转基因生物生产应用的安全证书,2007年通过江苏省农作物品种审定委员会审定。

特征特性 该品种为中熟品种,生育期134天左右,出苗快而整齐,叶色较深,株高中等,结铃性强,铃卵圆较大,铃重6克左右,衣分41.9%,吐絮畅,霜前花率高。

产量表现 2001—2002年参加江苏省杂交棉区域试验,平均每公顷籽棉产量4 145.3千克,比对照中棉所29增产16.2%;皮棉产量1 650.5千克,比中棉所29增产4.7%,居参试品种第一位。

抗病虫性 该杂交种抗枯萎病,病指8.5;耐黄萎病,病指34.9。抗棉铃虫性强,经室内抗虫性鉴定,2代棉铃虫死虫率75%,3代棉铃虫滞育率83.3%;江苏省区域试验抗虫鉴定为接近高抗。

纤维品质 2001—2002年农业部棉花品质监督检验测试中心测定:平均上半部长度30.8毫米,比强度29.92 cN·tex^{-1},麦克隆值4.79,纺纱均匀性指数140.73。

栽培技术要点

适时播种 宜作春棉或麦套棉种植,3月底至4月初育苗,5月上旬移栽;或4月中旬直播。每公顷中等肥力棉田种植2.7万~3.3万株,低肥棉田适当增加至每公顷3万~3.75万株。

平衡施肥 每公顷施纯氮225~300千克,有效磷90~120千克,氧化钾 120～150 千克,基肥和追肥比为 4:6。

简化整枝,全程化学调控　留第一果枝下方 1～2 个叶枝,可达省工节本、增产增收之效。每公顷施用缩节胺纯品 90～120 克,分别是盛蕾期 7.5～15 克,初花期 15～22.5 克,盛花结铃期 22.5～30 克、封顶期打顶后 7 天用 22.5～30 克进行化学调控。

防治虫害　2 代棉铃虫一般不需防治,但在棉铃虫重发年份 2、3、4 代可各防治一次。对棉蚜、红蜘蛛等害虫正常防治。

适宜种植区域　适宜在江苏省黄萎病轻病区种植。

(九)湘杂棉 14 号

品种来源　湘杂棉 14 号由湖南省棉花研究所利用湘 108 作母本,以自育优质抗虫品系湘 9812 作父本培育而成。该品种于 2006—2007 年参加湖南省杂交棉区域试验,2007 年获农业部颁发的农业转基因生物安全证书(农基安证字(2007)第 232 号),2008 年通过湖南省农作物品种审定委员会审定并命名为湘杂棉 14 号 (湘审棉 2008008)。

特征特性　生育期 121 天左右,属中早熟类型品种。叶片中等大小,叶色较深。植株较高大,茎秆有茸毛。第一果枝着生节位较高,植株塔形,通透性好,结铃性强。铃卵圆形、铃重 5.9 克,吐絮畅,易采摘,霜前花率 80% 以上。衣分 41.1%,籽指 10.7,衣指 7.7 克。适应性强。

产量表现　2006 年湖南省区域试验,每公顷皮棉产量 2134.5 千克,比对照增产 7.4%,增产极显著。2007 年湖南省区域试验,每公顷皮棉产量 1936.8 千克,比对照增产 5.3%,增产极显著。

抗病虫性　2007 年经湖北省农业科学院植保土肥所检测,湘杂棉 14 号在 2、3、4 代棉铃虫发生时期对棉铃虫的抗性效率分别为 100%、100% 和 94.4%,保蕾效果分别为 100%、100% 和

92.6%，杀虫活性分别为 99.6%、93.3%和 97.6%，表现出了良好的抗虫效果。湖北省农业科学院经济作物研究所人工枯、黄萎病圃鉴定，枯萎病指 18.6，黄萎病指 28.2，属耐枯、黄萎病品种。

纤维品质　2005 年农业部棉花品质检验检测中心检测：上半部平均长度 30.2 毫米，整齐度 85.3%，比强度 29.9 cN·tex^{-1}，麦克隆值 5.1，纺纱均匀性指数 145。2006—2007 年上半部平均长度 29.6 毫米，整齐度 84.8%，比强度 29.7 cN·tex^{-1}，麦克隆值 5.1，纺纱均匀性指数 141.9。

栽培技术要点

适时播种　在 4 月中上旬气温稳定在 15℃以上，抢晴好天气上午播种最为有利。

选期移栽，合理稀植　3 叶 1 心时，选晴好天气移栽，浇好团结水，中等地力以上田块每公顷密度控制在 1.35 万～1.5 万株。

科学施肥防早衰　湘杂棉 14 号具有良好的早熟性和株型可塑性大的特点，应施足基肥。基肥以腐烂发酵的农家肥与复合肥为主，每公顷施农家肥 90～120 吨，磷肥 300 千克，复合肥 225 千克。苗期轻施氮肥，每公顷施尿素不超过 90 千克，蕾期重施钾肥，花铃期重施钾、氮肥，以开沟埋施为宜，补施盖顶肥，立秋前后撒施尿素 120 千克，钾肥 75 千克，以多增秋桃防早衰。

合理化学调控　一般每公顷蕾期喷缩节胺 6～10 克，初花期喷 20～30 克，盛花期喷 30～37 克，立秋后喷 37～45 克。若遇肥水碰头，调控效果不明显，可隔 5 天左右补喷一次，用量不变。

虫害防治　对蚜虫、红蜘蛛和盲椿象等刺吸式口器害虫需重点防治，还要防治斜纹夜蛾的危害。在棉铃虫重灾年份 3、4 代棉铃虫产卵高峰期结合防治盲椿象治虫 1～2 次。

适宜种植区域　适于湖南棉区及长江中下游棉区种植。习惯于立体栽培的地区，可利用其早熟耐肥特点进行间套作种植。

（十）湘杂棉 16 号

品种来源　湘杂棉 16 号（湘 X007）是湖南省棉花科学研究所选育的优质、高产、抗虫杂交棉组合，其母本是湘 9520 与贝尔斯诺杂交后选育的优质棉品系湘 309，父本是自育的抗虫棉品系湘231。2006—2007 年参加湖南省棉花区域试验，2008 年通过湖南省农作物品种审定委员会审定。

特征特性　湘杂棉 16 号生育期 120 天，中熟偏早，株高 130厘米左右，植株塔形，果枝着生节位较低，叶片较小，叶色较绿，茎秆坚硬多毛，花药为黄色，结铃性较强，铃卵圆形，吐絮畅，易采摘，纤维洁白有丝光。铃重 5.9 克，衣分 41.0%，籽指 10.1 克，衣指7.2 克。

产量表现　2006—2007 年在湖南省棉花品种区域试验中，平均每公顷籽棉、皮棉产量分别为 4 904.23 千克和 2 013.90 千克，分别比对照湘杂棉 8 号增产 2.20% 和 5.0%，增产极显著。

抗病虫性　湘杂棉 16 号对棉铃虫和斜纹夜蛾的抗性都达到抗级水平。2007 年经湖北省农业科学院经济作物研究所人工病圃抗病性鉴定，枯萎病指 11.2，耐枯萎病；黄萎病指 24.5，属于耐黄萎病品种。

纤维品质　经农业部棉花品质监督检验测试中心检测：上半部平均长度 31.5 毫米，整齐度 84.0%，比强度 30.2 cN · tex^{-1}，麦克隆值 4.9，纺纱均匀性指数 146.0。

栽培技术要点

适时播种，及时移栽　4 月中下旬选晴好天气播种，营养钵育苗。一般棉田每公顷种植 1.8 万株，高产棉田种植 1.6 万株左右，旱薄棉田种植 2.1 万株。苗龄 25 天即可移栽，栽后及时浇团结水，缩短缓苗期。

科学施肥　前期少施，后期重施，增施磷、钾肥；速效肥与长效肥相结合;看天、看地、看苗施肥。对明显缺锌、硼等微量元素的田块还要叶面喷施硫酸锌及硼酸溶液。

适当化学调控　掌握前轻后重,少量多次的原则,一般每公顷用缩节胺 120 克左右,苗期 7.5 克,花铃期每次 15～30 克,打顶后 7～10 天每公顷施 45～60 克。

适时打顶和防病治虫　一般在 7 月下旬打顶,摘去棉株的顶芽连带一片刚开展的小叶。

注意对苗病及红蜘蛛、蚜虫的防治。加强对 4、5 代棉铃虫的防治。

适宜种植区域　该杂交种适宜在枯、黄萎病轻病地种植,不宜在重病地种植。

(十一)泗阳 329

品种来源　杂交棉泗阳 329 是江苏省泗阳棉花原种场农科所以自育的高产、优质、抗病棉花新品种(系)为亲本材料选育的杂交组合,2004—2005 年参加湖南省棉花品种区域试验与大面积生产示范,2006 年通过湖南省农作物品种审定委员会审定。

特征特性　该品种早熟性较好,生育期 128 天左右,霜前花率 85％以上。植株塔形,株型疏朗,株高 110～130 厘米,叶片中等大小,通风透光条件好,叶色较淡,光合效率高,茎秆健壮挺立,抗倒伏。第一果枝着生节位中等偏低,果枝节间长短适中,果枝层数 18 个左右。铃中等偏大,卵圆形,铃壳薄,吐絮畅。结铃性强,中等密度栽培单株成铃 40 个左右,中低密度栽培单株成铃可达 60 个以上,铃重 6 克左右,籽指 11.0 克,衣分 43.1％,衣指 8.2 克。

产量表现　该品种于 2004—2005 年参加湖南省棉花品种区域试验,两年平均每公顷籽棉产量 4 017.15 千克,比对照品种湘杂棉 2 号增产 11.4％;每公顷皮棉产量 1 734 千克,比对照增产 13.6％,增产达极显著水平。

抗病性 该品种于 2004 年参加湖南省试验鉴定,枯萎病发病率 3.5%,黄萎病发病率 1.3%,表现为抗枯、黄萎病。2005 年湖南省棉花品种区域试验人工病圃鉴定,枯萎病指 14.2,黄萎病指 30.4,表现为耐枯、黄萎病。近年来在大面积棉花生产种植与试验示范中均表现抗病性较好、抗逆性较强。

纤维品质 经农业部纤维品质监督检测中心测试:纤维上半部长度 30.8 毫米,比强度 31.8cN·tex^{-1},麦克隆值 4.9,整齐度 84.8%,纺织均匀性指数 148.1。

栽培技术要点

适期播种 品种属中熟偏早类型,适于长江流域及黄河流域南部棉区作春茬或早夏茬套作棉种植。采用营养钵育苗移栽的一般在 4 月 5 日左右播种;地膜直播棉应于 4 月 20 日左右播种。该品种籽指中等偏小,为 9.5 克左右,种子饱满充实,出苗性较好。为实现一播全苗,需选择籽粒饱满,达到国家种子质量标准的脱绒包衣种,于晴好天气进行干籽播种。直播棉田旱情严重时,最好先灌水选墒,待墒情适宜时再进行播种。

合理密植 该品种杂交优势强,单株生产力高,植株中等偏高,可较好地发挥单株生产潜力高的优势,充分协调好个体发育与群体发展的关系,协调好营养生长与生殖生长的关系,实现既增加总铃数,又提高单铃重、提高优质铃的比例,达到既高产又高效的栽培目标。一般肥力水平田块每公顷种植 2.4 万～2.7 万株,土壤肥力好,施肥水平高的田块以每公顷种植 2.25 万株左右较为适宜。

平衡施肥 为实现每公顷产皮棉 1 800 千克以上的栽培目标,每公顷棉田应施足纯氮 300～375 千克,过磷酸钙 600～750 千克,氯化钾 300 千克。并增施有机肥、硼肥及其他微量元素。具体施肥方法应根据土壤肥力水平及棉花田间长势,通常提倡采用轻肥搭架,重肥结桃的施肥方法。该品种现蕾开花早,前期成铃速度快,前中期结铃多,消耗养分大,要实现早熟、不早衰,达到伏桃满腰,秋桃盖顶的栽培目标,后期应有充足的肥料供应。要在施足基肥,搭好丰产架子,重施花铃肥增加中期铃的基础上,于8月上中旬每公顷用尿素120～150千克施好盖顶肥。中下部成铃多、有早衰趋势的田块,盖顶肥尿素用量可以增加至300千克。8月中旬至9月中旬还可以进行根外追肥,每7天左右用2%上下的尿素液叶面喷施一次,缺钾棉田叶面喷肥时可增加磷酸二氢钾或巨能钾喷雾。当后期干旱时要及时灌溉抗旱,以水调肥,提高上部果节的成铃率和铃重。

合理调控 该品种长势稳健,化学调控以轻调为宜。分别在盛蕾、盛花及打顶后1周左右进行,每公顷助壮素总用量以90～120克为宜,以培育中壮株型,塑造高效群体。

另外,该品种果枝节位较低,前期结铃早,在现蕾期去除基部2～3个果枝,对促进个体健壮发育,增加上部果枝的养分供应,搭好丰产架子,增加铃重,减少下部小桃、僵烂桃,增加中上部大桃,提高产量也非常有效。

虫害防治 注意对棉蚜、棉铃虫、红蜘蛛及盲椿象的防治。

适宜种植区域 该品种宜在湖南省枯、黄萎病轻病田推广种植。

(十二)宁字棉 R6

品种来源 宁字棉R6(原MR6)是江苏省农业科学院农业生物技术研究所、创世纪转基因技术有限公司和隆平农业高科技股份有限公司江西种业分公司三家联合选育的杂交种。2004—2005年江西省棉花品种区域试验,该组合表现结铃性强,早熟性、丰产性好,纤维品质优;2006年通过江西省农作物品种审定委员会审定(赣审棉2006009)。

特征特性 全生育期126.0天,株高110.8厘米,株型松散高大。叶片中等大小,叶色较深。结铃性好,铃卵圆形,中等大小,铃重 5.2 克,衣分 41.6%,籽指 10.3 克,衣指 7.4 克。吐絮畅,易采摘,絮色洁白。早熟性好,霜前花率在 90% 左右。丰产、稳产性好,纤维品质优。

产量表现 2004 年参加江西省棉花区域试验,每公顷籽棉产量 3 915.0 千克,皮棉产量 1 669.4 千克,与对照中棉所 29 相当。2005 年参加江西省区域试验,每公顷籽棉产量 3 945.0 千克,皮棉产量 1 604.1 千克,较对照中棉所 29 分别增产 7.4% 和 7.9%。两年平均每公顷籽棉产量 3 930.0 千克,比对照中棉所 29 增产 3.3%;皮棉产量 1 636.1 千克,比对照中棉所 29 增产 4.3%。

抗病虫性 2004—2005 年平均枯萎病病指为 14.8,表现为耐病。

纤维品质 2004—2005 年经农业部棉花品质监督检验测试中心测定:纤维上半部平均长度 29.3 毫米,整齐度 85.1%,比强度 32.7cN·tex^{-1},伸长率 6.4%,麦克隆值 5.1,反射率 75.6%,黄度 8.8,纺纱均匀性指数 147.9。

栽培技术要点

适时播种 营养钵育苗移栽以 3 月底至 4 月上旬播种为宜,浇足底水,干籽播种,每钵 1 粒。地膜直播棉以 4 月中下旬播种为宜。

合理密植 根据茬口及苗龄及时移栽。该品种株型较松散高大,因而种植密度宜稀不宜密,在中等及以上肥力的田块每公顷可种植 2.7 万～3 万株。

合理运筹肥料 要施足基肥,基肥以有机肥为主,早施重施花铃肥,打顶后补施盖顶肥。中后期根据长势可适当喷施叶面肥。一般中等肥力田块,每公顷需施纯氮 280～350 千克,有效磷 140～175 千克,氧化钾 280～350 千克。

主动化学调控,塑造良好株型 一般情况可在在蕾期、初花期、盛花结铃期及打顶后分别进行 3～4 次化学调控,具体次数和剂量要根据棉花的长势长相和天气而定。

病虫害防治 及时中耕除草,根据当年病虫害发生情况,注意对棉蚜、棉红蜘蛛、烟粉虱等刺吸口器害虫的防治。

适宜种植区域 该品种适宜在江西省无病或轻病地种植,不宜在重病地种植。

(十三)路棉 6 号

品种来源 转基因抗虫棉路棉 6 号(RH16)是由四川省农业科学院经济作物育种栽培研究所、湖北省潜江市大路种业有限公司用抗 A3 作母本,ZR6 作父本配制育成的核不育两系杂交棉新品种。该品种于 2004 年参加湖北省区域试验预备试验,2005—2006 年参加湖北省区域试验,2006 年获得在湖北省应用的转基因安全应用证书。2007 年进入生产试验,并通过田间鉴定推荐审定,2008 年通过湖北省农作物品种审定委员会审定(鄂审棉 2008004)。

特征特性 生育期 121 天左右,属中早熟品种。植株较高大,塔形松散,生长势强。茎秆粗壮,有稀绒毛。铃偏圆形,有钝尖,结铃性强,吐絮畅。株高 125 厘米,单株果枝数 19.4 个,单株成铃 30.6 个,铃重 6.0 克,衣分 40.9%,籽指 10.5 克,霜前花率 90.5%。

产量表现 2005 年湖北区域试验,每公顷籽棉产量 4 222.1 千克,比对照鄂杂棉 1 号增产 16.1%;皮棉产量 1 716.1 千克,比对照增产 14.8%,增产极显著。2006 年湖北区域试验,籽棉产量 4 506.7 千克,比对照增产 11.0%;皮棉产量 1 816.4 千克,比对照增产 7.8%。两年区域试验平均籽棉产量 4 364.3 千克,比对照增产 13.4%;皮棉产量 1 766.1 千克,比对照增产 11.1%。

抗病虫性 2005 年华中农业大学抗红铃虫鉴定结果,种子虫害率 2.3%，比对照鄂棉 18 低 82.1%，高抗红铃虫；2005 年江苏省农业科学院植保所抗棉铃虫鉴定结果，综合抗性值 44，平均抗性值 3.67，属高抗棉铃虫。两年区域试验抗病鉴定结果，耐枯、黄萎病，枯萎病指 10.8，黄萎病指 21.4。

纤维品质　经农业部棉花品质监督检验测试中心检测结果：纤维上半部平均长度 29.3 毫米，比强度 27.65 cN·tex^{-1}，麦克隆值 5.15，纺纱均匀性指数 129.5。

栽培技术要点

适时播种　路棉 6 号属于中早熟品种，适宜适当晚播，一般在 4 月中旬育苗，5 月中旬移栽，以每公顷种植 2.1 万～2.5 万株为宜。

均衡施肥　施肥注意氮、磷、钾配合，该品种具有长势旺，结铃性强、产量潜力高等特点，对各种养分的需求量较大，对钾肥更为敏感。建议每公顷施纯氮量 250～300 千克，基肥占 50%，花肥占 40%，保桃肥占 10%；每公顷施五氧化二磷 100～150 千克，基肥占 60%，花肥占 40%；每公顷施氧化钾 180～220 千克，基肥占 60%，花肥占 40%。

合理化学调控　一般每公顷喷施缩节胺 45～60 克，严格遵循少量多次、前轻后重的原则，根据实际情况决定缩节胺的用量、浓度及施用频率，以塑造理想株型。

虫害防治　根据田间棉铃虫、红铃虫发生情况决定农药防治时间，一般当百株卵量达 50 粒，或百株幼虫量达 5 头时，应及时用药剂防治。药剂防治棉铃虫重点在 2、3、4 代。注意防治红蜘蛛、蚜虫和棉盲椿象等非鳞翅目害虫。

适宜种植区域　主要适宜湖北及长江流域棉区种植，枯、黄萎病重病地不宜种植。

（十四）科棉 6 号

品种来源 科棉 6 号由江苏省科腾棉业有限责任公司以（中棉所 12×苏棉 8 号）F_1×冀棉 24 杂交后代选育而成，该品种于 2005—2006 年参加安徽省区域试验，2006 年进入生产试验，2007 年通过安徽省农作物品种审定委员会审定[农业转基因生物安全证书号：农基安证字（2006）第 347 号]。

特征特性 科棉 6 号生育期 126 天左右。长势较强，植株较高，株型较松散，呈塔形。茎秆茸毛少。叶片中等，叶色淡绿。结铃性好，棉铃卵圆形。铃较大，铃重 5.92 克。衣分 42.7%，籽指 10.8 克。吐絮畅，易采摘，絮色白。丰产性较好，稳产性好。耐枯萎病。

产量表现 2005—2006 年安徽省区域试验平均，每公顷产籽棉 3 910.9 千克，比对照增产 8.0%；产皮棉 1 664.5 千克，比对照增产 9.3%。2006 年安徽省生产试验，每公顷产籽棉 3 865.5 千克，比对照增产 4.5%；产皮棉 1 653.0 千克，比对照增产 6.9%。

抗病虫性 2005—2006 年安徽省区域试验，平均枯萎病指 17.1，耐枯萎病；黄萎病指 37.4，感黄萎病。高抗棉铃虫。

纤维品质 农业部棉花品质监督检验测试中心两年检测平均，上半部平均长度 29.0 毫米，整齐度 84.1%，比强度 28.15 $cN \cdot tex^{-1}$，麦克隆值 4.95。

栽培技术要点

适期播种 营养钵育苗移栽播期以 3 月下旬至 4 月上旬为宜，地膜直播以 4 月中旬为宜。

种植密度 种植密度以每公顷 2.7 万～3.0 万株为宜，肥力较低田块可适当增加密度。

肥水管理 肥料施用重点是基肥和花铃肥，适施保铃肥，看苗补施苗肥和盖顶肥，氮、磷、钾比为 1：0.6：1.1。

适时化学调控 一般全生育期化学调控 3~4 次,分别在盛蕾初花期、盛花期、打顶后使用。

病虫草害防治 及时中耕除草,并根据当地植保部门的预报,在适宜防治期及时防治病虫害。

适宜种植区域 该品种适宜在江苏省无病或轻病区推广种植。

(十五)川杂棉 16

品种来源 川杂棉 16 是四川省农业科学院经济作物育种栽培研究所以新育成的含 msc1 不育基因的优质抗虫抗病核不育系 GA18 为母本,以高产品系 HB 为父本,采用"一系两用法"测配而成的 F_1 代杂交种。该品种于 2003—2004 年参加四川省区域试验,2005 年参加四川省生产试验,2006 年通过四川省农作物品种审定委员会审定(川审棉 2006 001)。

特征特性 川杂棉 16 生育期 133 天,中熟;植株塔形,茎秆粗壮,生长稳健,长势旺,叶片中等,叶色绿色;单株结铃性强,上、中、下部结铃均匀;铃大,卵圆形,铃重 6 克左右,吐絮畅,纤维洁白;衣分 41.18%,衣指 6.9 克,籽指 8.9 克。川杂棉 16 在各类试验中高抗红铃虫和抗棉铃虫,抗病性好,具有高产稳产、增产潜力大、技术可控性强等突出特点。由于制种时母本 GA18 抗棉铃虫,其制种效益比利用不抗虫母本制种提高 30%,有较强的产业竞争优势和广阔的应用前景。

产量表现 2003—2004 年四川省区域试验,每公顷平均籽棉产量 3 338.4 千克,皮棉产量 1 374.0 千克,分别比对照川棉 56 增产 14.5%和 6.02%,均居试验第一位,增产极显著。2005 年四川省生产试验,平均每公顷籽棉产量 3 414.4 千克,皮棉产量 1 366.7 千克,分别比对照川棉 56 增产 24.6%和 13.2%,增产极显著。

2004—2006 年在四川省主产棉县示范,长势好,高抗棉铃虫、红铃虫等鳞翅目害虫,抗枯、黄萎病,产量高,种植效益突出。大面积一般每公顷籽棉产量 3 150 千克,高产栽培每公顷可达 4 500 千克。

抗病虫性 2003—2004 年四川省区域试验指定单位在人工接种的枯萎病病圃和黄萎病病圃鉴定,两年平均枯萎病指 8.4,黄萎病指 29.5,属抗枯萎病、耐黄萎病类型。抗虫性:2003—2004 年四川省区域试验网室接棉铃虫鉴定,蕾铃被害率 3.1%~4.1%,蕾铃被害比对照 HG-BR-8 减少 82.7%~83.7%,达抗棉铃虫水平;华中农业大学鉴定,川杂棉 16 红铃虫籽害率 0.89%,比对照鄂棉 18(红铃虫籽害率 11.8%)减少 92.5%,达高抗红铃虫水平。

纤维品质 农业部棉花品质监督检验测试中心测定(HVICC 标准):纤维上半部平均长度 30.8 毫米,比强度 29.5 cN·tex^{-1},麦克隆值 4.1,纤维品质明显优于对照川棉 56。

栽培技术要点

适时播种 4 月上中旬,土壤 5 厘米地温稳定通过 12℃时,采用营养钵育苗抢晴播种,4 月下旬至 5 月中旬,根据棉田准备及天气情况适时移栽。

种植密度 四川棉区宽窄行种植,每公顷移栽 2.7 万~3.3 万株,长江中下游流域棉区等行种植,行宽 1 米,移栽密度每公顷 1.8 万株。

科学施肥 施足基肥,早施重施花铃肥,巧施盖顶肥和叶面肥,特别要增施钾肥,有条件的可增施农家肥或饼肥等有机肥,要根据田间的具体情况确定施用时间和施用量。

合理化学调控 严格遵循少量多次、前轻后重的原则,根据棉田长势情况,及时进行化学调控,塑造理想株型。

病虫害综合防治 重点防治盲椿象、蚜虫、红蜘蛛等非鳞翅目害虫,对棉铃虫进行监测防治,注意防治 3、4 代棉铃虫。

加强田间管理 适时中耕,起垄培土。及时去叶枝、抹赘芽、打顶、去旁尖。遇高温干旱应及时灌水抗旱。及时去除空枝、秋芽和老黄叶。

适宜种植区域 川杂棉 16 植株高大,个体优势强,适宜长江流域棉区种植。

(十六)川杂棉 26 号

品种来源 川杂棉 26 号是四川省农业科学院经济作物研究所育成的核不育杂交种,母本为新育成的含 mscl 不育基因的优质抗病核不育系 GA18,父本为抗病恢复系 00-160。2006—2007年参加湖南省区域试验,2007 年参加湖南省生产试验,2008 年通过湖南省农作物品种审定委员会审定(湘审棉 2008007)。

特征特性 该杂交种生育期 120 天,株高中等,植株塔形。生长势较强,出苗快而齐。茎秆光滑,叶片中等,冠层结构明晰,通透性好,结铃性强,单株成铃率较高。铃较大,卵圆形,吐絮畅。单株成铃 44.7 个,铃重 5.7 克,衣分 41.6%,籽指 10.8 克。

产量表现 在湖南省表现出良好的丰产、稳产性。2006 年湖南省区域试验结果,每公顷皮棉产量 2 020.5 千克,比对照湘杂棉 8 号增产 2.9%。2007 年湖南省区域试验结果,每公顷皮棉产量 1 922.3 千克,比对照增产 6.2%,增产极显著,居 B 组参试品种第二位。两年平均每公顷产皮棉 1 971.0 千克,比对照增产 4.5%。

抗病性 经湖北省农业科学院经济作物研究所人工枯、黄萎病圃鉴定,枯萎病相对抗指 9.3,表现抗枯萎病;黄萎病相对抗指 19.4,表现抗黄萎病。

纤维品质 经农业部棉花品质监督检验测试中心测试:纤维上半部平均长度 30.4 毫米,整齐度 85.0%,比强度 29.6 cN·tex^{-1},麦克隆值 5.1,纺纱均匀性指数 142.4。符合国家纺织要求。

栽培技术要点 宜在 4 月上旬抢晴天播种,营养钵保温育苗,

5月上旬移栽。每公顷种植1.8万～2.4万株。施肥应以有机肥为主，各营养元素平衡配合施用，采取施足基肥，重施花铃肥，补施秋桃肥的策略，增施钾肥和硼肥等微肥。合理化学调控，严格遵循少量多次的原则，塑造理想株型。注意综合防治虫害，重点防治盲椿象、蚜虫、红蜘蛛等非鳞翅目害虫，对1、2代棉铃虫和红铃虫一般不用防治；对3、4代棉铃虫和红铃虫应进行监测防治。加强田间管理，适时中耕，起垄培土，及时去叶枝，遇高温干旱及时灌水抗旱。

适宜种植区域 川杂棉26号表现抗黄萎病、抗枯萎病，具有高产稳产、增产潜力大、技术可控性强等突出特点，适宜在湖南棉区推广种植。

（十七）荃银2号

品种来源 荃银2号是安徽荃银高科种业股份有限公司与中国农业科学院生物技术研究所联合选育的优质、高产、抗病、抗虫杂交棉，母本MY-4系中棉所41与徐州553的杂交后代选系，父本MQ-41是鄂抗棉10号优系97-4与荆1246杂交后代系选的优质、丰产品系。该品种于2005—2006年参加安徽省棉花品种区域试验，2007年参加安徽省棉花品种生产试验，2007年12月获得转基因安全证书（证书编号：农基安证字2007第132号）。2008年通过安徽省农作物品种审定委员会审定（皖棉2008002）。

特征特性 荃银2号生育期125天，出苗快、齐，苗病轻，苗壮。植株中等，株型疏朗，较紧凑，呈塔形；茎秆光滑无毛；叶片中等偏大；整齐度好，长势强，后劲足；铃大，中部铃重6.4克，呈卵圆形；结铃性强，吐絮畅，衣分40.4%，霜前花率高。抗枯萎病，耐黄萎病。

产量表现 2005年参加安徽省棉花品种区域试验，每公顷籽棉产量3 411千克，比对照皖杂40增产15.4%；皮棉产量1 342.1

千克,比对照皖杂40增产7.9%,增产极显著。2006年参加安徽省棉花品种区域试验,每公顷籽棉产量4 198.7千克,比对照皖杂40增产13.0%;皮棉产量1 740.6千克,比对照皖杂40增产11.3%,增产极显著。

2007年生产试验中,每公顷籽棉产量3 463.5千克,比对照皖杂40增产16.6%;皮棉产量1 449千克,比对照皖杂40增产15.4%。2008年在全省各产棉县安排了示范片,表现出结铃性强、铃大、后劲足、抗病性好、吐絮畅等特点。尤其在望江、无为等县,每公顷成铃120万个以上,皮棉理论产量达每公顷3 102.7千克。

抗病性　2005—2006年经中国农业科学院棉花研究所植保室抗性鉴定:枯萎病指5.2,抗枯萎病;黄萎病指32.1,耐黄萎病。

2007年经中国农业科学院生物所抗虫鉴定:荃银2号为双价抗虫棉,抗虫株率100%,Bt蛋白表达量达高抗水平,高抗棉铃虫。

纤维品质　2005—2006年经农业部棉花品质监督检验测试中心测定:纤维上半部平均长度29.6毫米,整齐度85.0%,比强度30.7 cN·tex^{-1},麦克隆值4.9。

栽培技术要点

适时播种,合理密植　于4月中旬"冷尾暖头"抢晴播种。营养钵育苗,做到湿钵、干籽、盖爽土。在中等肥力条件下,一般大田每公顷种植2.1万株左右。实行宽行栽培,一般行距为1.0～1.2米。

平衡施肥　荃银2号结铃性较强,耐肥水,中后期加强肥水管理。"足施基肥,早施苗肥,稳施蕾肥,重施花铃肥,补施盖顶肥"。

合理化学调控　荃银2号对缩节胺较敏感,蕾期一般不用化学调控,花铃期用量具体"看天、看地、看苗",按"前轻后重,少量多次"的原则进行化学调控。

科学治虫　1、2代棉铃虫一般不需防治,3、4代棉铃虫根据虫口基数酌情防治,但对非鳞翅目害虫(棉蚜、棉蓟马、盲椿象、红蜘蛛、斜纹夜蛾等)要及时防治。

适宜种植区域 荃银 2 号适宜在安徽省各地推广种植。

(十八)川棉优 2 号

品种来源 川棉优 2 号(原代号 2K-Y2)是四川省农业科学院经济作物研究所在四川省育种攻关和四川省财政育种攻关项目的资助下,分别用丰产抗病品种川棉 56 为母本,与引进的优质材料 PD6132 杂交,用引进的西南农业大学培育的优质材料 9208007 为母本,与抗病品种川棉 243 杂交,再用 2 个 F_1 进行复合杂交,在其后代中通过系统选育而成。2003—2004 年参加四川省区域试验,2005 年参加四川省生产试验,2006 年通过四川省农作物品种审定委员会审定。

特征特性 川棉优 2 号生育期 135 天左右,属中熟类型,株高 81.0 厘米,植株塔形,生长稳健,叶片中等大,叶色绿色;果枝 13.0 条,单株结铃 16.91 个;铃重 6.07 克,衣分 39.05%,衣指 6.9 克,籽指 10.9 克。

产量表现 四川省区域试验两年平均每公顷籽棉产量 3 117.3 千克,比对照川棉 56 增产 6.71%;皮棉产量 1 239.9 千克,为对照的 95.7%;白花皮棉产量 1 022.1 千克,比对照增产 1.4%

抗病性 川棉优 2 号抗枯萎病和黄萎病,四川省区域试验统一鉴定,2003 年枯萎病病株率 16.9%,枯萎病指 9.6;黄萎病病株率 59.1%,黄萎病指 19.1;2004 年枯萎病病株率 22.8%,枯萎病指 7.1,黄萎病病株率 56.9%,黄萎病指 20.0。

纤维品质 四川省区域试验统一送样,经农业部纤维品质检测中心检测:纤维上半部平均长度 30.7 毫米,比强度 34.44cN·tex^{-1},麦克隆值 4.0,伸长率 6.6%,整齐度 85.1%,达优质标准。

栽培技术要点

播期和用种量 四川棉区在3月下旬至4月上旬方格保温育苗，每667米²用种量为0.75千克左右。川棉优2号一般每公顷种植3.75万～4.5万株。

施肥 重施有机肥，注意氮、磷、钾肥配合施用。移栽前一次性施足基肥，花铃肥提至盛蕾至见花期施用，在7月下旬追施保桃肥。8月中下旬用0.5%的尿素和0.5%的磷酸二氢钾进行一次根外追肥。

化学调控 一般每公顷喷施缩节胺30～40克。遵循"少量多次"的原则，根据苗情决定缩节胺的用量、浓度及施用次数。

虫害防治 川棉优2号不抗虫，栽培时要注意防治棉铃虫、红铃虫、蚜虫、红蜘蛛等害虫。

适宜种植区域 川棉优2号适宜在四川省棉区推广种植和长江中下游、部分黄河流域棉区引进示范推广，特别适合进行定单生产，以保证原品质的一致性。

（十九）川棉118

品种来源 川棉118（原代号RHY01）是由四川省农业科学院经济作物育种栽培研究所以抗虫棉选系R29为母本，以自育优质、抗蚜、抗黄萎病棉花品系296为父本，再以R29为父本连续回交两次，在其后代中采用系统选育法经多年多代综合定向选择而成。该品种于2004—2006年参加四川省棉花区域试验和生产试验，于2007年4月通过四川省农作物品种审定委员会审定并定名。

特征特性 该品种为中熟品种，生育期130天左右。株高中等，株高90～100厘米。植株呈塔形，群体通风透光性好。整齐度好，茎秆粗壮抗倒伏，茸毛多。叶片中等大，叶绿色较深。果枝着生节位较低，结铃性强。铃卵圆形，铃壳薄，吐絮畅而集中，纤维洁白,易采摘。生长势旺,后期不早衰,抗倒伏,耐旱。果枝 13～16条,大铃高衣分,平均铃重 5.84 克,衣分 44.79%,衣指 7.8 克,籽指 9.5 克。

产量表现 在四川省区域试验中两年平均结果,每公顷籽棉、皮棉、白花皮棉产量分别为 3 195.6 千克、1 425.5 千克和 1 113.9 千克,分别比对照川棉 56 增产 10.6%、10.1%和 17.30%,增产极显著,其中皮棉产量两年均位居同组 9 个参试品种之首。在四川省生产试验中,每公顷籽棉、皮棉、白花皮棉产量分别为 3 505.7 千克、1 502.6 千克和 1 447.5 千克,分别比对照川棉 56 增产 29.2%、31.7%和 37.82%,增产极显著。

抗病虫性 四川省区域试验抗病性鉴定结果:两年均抗枯萎病、耐黄萎病,枯萎病病指为 5.9,黄萎病病指为 32.6;四川省区域试验抗虫性鉴定结果:两年均抗棉铃虫,蕾铃被害率为 4.4%,虫害减退率为 79.4%,红铃虫籽害率 10.1%,籽害减退率为 41.4%,达抗红铃虫水平。

纤维品质 四川省区域试验统一送样到农业部纤维品质监督检验中心测定:两年平均,纤维上半部长度 29.64 毫米,比强度 28.02 cN・tex^{-1},麦克隆值 4.4,整齐度 84.6%,纺纱均匀性指数 139.1。

栽培技术要点

种植方式 培育壮苗,育苗移栽,地膜覆盖,垄厢栽培。

适时播种 四川地区一般 3 月中下旬至 4 月初育苗,长江中下游地区 4 月上旬育苗,苗龄期 25～28 天移栽,即 4 月下旬至 5 月上旬移栽。麦套棉共生期最多不超过 25 天,栽后及时培土、盖膜。

合理密植 四川各地一般槽坝地每公顷种植 3.90 万～4.50 万株,坡台地每公顷种植 4.50 万～5.25 万株。长江中下游地区每公顷种植 2.25 万～2.70 万株。

科学合理施肥　施肥的总体原则:施足基肥,重施初花肥,稳施保桃肥,应以有机肥、长效肥和饼肥为主,氮、磷、钾肥配合施用,后期可补施叶面肥。基肥每公顷施尿素 225 千克、磷肥 450 千克、钾肥 150 千克、饼肥 450 千克;初花肥施尿素 225 千克、磷肥 450 千克、钾肥 300 千克、饼肥 675 千克;保桃肥施尿素 150 千克、钾肥 75 千克。

适度化学调控　化学调控遵循"少量多次"的原则,根据植株长势和气候等实际情况,中等肥水的棉田在盛蕾期、开花期、花铃期每公顷分别施用缩节胺 7.5～18.0 克、30.0～37.5 克和 37.5～45.0 克。

加强病虫害防治　重点防治棉红蜘蛛、棉蚜虫、盲椿象等刺吸式口器的害虫和棉花立枯病,对 1～2 代棉铃虫和红铃虫一般不用防治,对 3～4 代棉铃虫和红铃虫进行监测防治,如百株棉花 3 龄及以上棉铃虫和红铃虫幼虫达 15 头以上时,及时防治,化学防治注意应用高效低毒、低残留农药。

适宜种植区域　川棉 118 适应性广,特别适宜四川省主产棉区种植,也适宜长江流域棉区和黄河流域部分棉区种植。

(二十)湘杂棉 13 号

品种来源　转基因抗虫杂交棉湘杂棉 13 号(原名湘 Q168)是湖南省棉花科学研究所育成的棉花新杂交种。2007 年通过湖南省农作物品种审定委员会审定并命名(湘审棉 2007008),该品种已获得我国农业转基因生物安全证书(生产应用)[农基安证字(2006)第 128 号],准予在湖南省棉区推广应用。

特征特性　湘杂棉 13 号全生育期 122～125 天,属于陆地棉中熟品种。植株较高大,塔形。叶片清秀,中等大小,叶色深绿。通透性好,结铃性强,单株成铃 41.2 个,上桃快而集中,7 月下旬至 8 月中旬上桃率达 50％～70％。长尖铃,铃大,铃重 6.3～6.8

克,吐絮畅,易采摘,花色洁白有丝光。衣分41.4%,大籽,籽指11.3克。

产量表现 2005年参加湖南省棉花区域试验,每公顷皮棉产量1692千克,居参试品种的第二位,7点次增产,比对照湘杂棉2号增产14.0%,增产极显著。2006年参加湖南省棉花区域试验续试组,皮棉产量2068千克,居参试品种第三位,比对照湘杂棉8号增产5.9%,增产极显著。两年区域试验平均每公顷产皮棉1881千克,比对照增产9.5%。

抗病虫性 湘杂棉13号于2006年由华中农业大学经枯、黄萎病人工田间病圃鉴定:枯萎病相对抗性指数17.8,耐枯萎病;黄萎病相对抗性指数30.3,耐黄萎病。

由湖北省农业科学院植保土肥所于2006年对湘杂棉13号进行抗虫性检测:湘杂棉13号在2、3、4代棉铃虫发生期的杀虫活性分别为85.8%、76.3%和59.5%,与对照转基因抗虫棉GK19不同时期的杀虫活性、变化规律及变异度基本一致。湘杂棉13号在2、3、4代棉铃虫发生期对棉铃虫的抗性效率分别为100%、88.89%和76.47%,与转基因抗虫棉GK19在保蕾效果方面无差异。

纤维品质 湖南省棉花区域试验,经农业部棉花纤维品质监督检验测试中心测试:上半部平均长度32.3毫米,整齐度85.1%,比强度32.5 cN·tex^{-1},麦克隆值4.8,纺纱均匀性指数为155.0。纤维品质达到国家A级水平,完全能纺50~60支的纯棉纱。

栽培技术要点

适时播种,培育壮苗 4月上中旬选晴好天气播种,齐苗后及时揭膜晒床,以防烧苗;阴雨天坚持盖膜。将呋喃丹、甲基硫菌灵和波尔多液结合使用,防治立枯病、炭疽病等苗期病害和虫害,保证一播全苗,培养壮苗。

及时移栽，合理密植　苗龄在 3～4 叶时移栽，地膜覆盖，一般肥力的棉田密度在每公顷 1.8 万～2.0 万株。肥力水平较高的田块可栽 1.6 万～1.8 万株。管理粗放、肥力水平低的可栽 2.0 万～2.2 万株。

科学施肥　肥料的施用要掌握以下 4 条原则：前期轻施，后期重施，钾肥量要适当大，速效肥与长效肥相结合。基肥要求重，每公顷用尿素 150～180 千克、钾肥 150～200 千克，或用三元复合肥 200～300 千克，其他有机肥 750～1 500 千克混施，占总肥量的 30％，其中有机肥占基肥的 50％以上。蕾肥要轻，主要根据苗情用尿素对水泼。花铃肥要重，为总肥量的 40％～45％，分两次施：棉花揭膜时（6 月下旬）和 7 月下旬施。在棉垄中挖沟埋施，每公顷用尿素 150～180 千克、钾肥 180～200 千克，或用三元复合肥 300～450 千克，其他有机肥 750～1 500 千克混施；盖顶肥（8 月中旬打眼埋施）宜稳。防止棉花早衰或贪青晚熟。

合理化学调控　掌握前轻后重，少量多次的原则。湘杂棉 13 号要求缩节胺的使用剂量宜轻，做到少量多次，全生育期每公顷缩节胺总用量在 90～120 克，长势较旺，肥力较好的地块控制在 120～150 克，防止棉花营养过旺，造成棉株高、大、空影响产量。喷施时间为 6 月 20 日至 8 月 5 日，每 10 天左右喷一次，剂量逐渐加大。

病虫害防治　注意对苗病及红蜘蛛、蚜虫的防治。加强对 4～5 代棉铃虫的防治。治虫掌握以下原则：一是掌握好治虫时间，严格按照防治指标用药；二是控制好用药剂量，以免剂量小防治效果差，剂量大产生药害；三是轮换用药，以减少害虫抗药性，提高防治效果；四是上部桃较多的地块防治红铃虫应坚持到 9 月下旬。

精细整枝　现蕾后要彻底清除营养枝和闲枝。花铃期后，要及时去掉赘芽、空枝，改善通风透光条件，减少烂铃。打顶时间一般在立秋前后,这样可增加内围铃数,增加单株成铃数。长势好的棉田打顶时间应适当推迟。

适宜种植区域 适宜在湖南省棉区推广应用。

三、西北内陆棉区代表性品种

(一)中棉所 43

中棉所 43(中 2230-35)由中国农业科学院棉花研究所选育,母本为石远 321,父本为自育品系 5716,该品种于 2002—2004 年参加新疆维吾尔自治区区域试验,2005 年通过新疆维吾尔自治区农作物品种审定委员会审定。

特征特性 中棉所 43 生育期 127 天,属于中早熟麦棉套种品种。株高 60~65 厘米,植株塔形。叶片中等偏小,叶色淡绿。出苗快,前中期长势强健。结铃性强,铃长卵圆形,单铃重 5.2 克,衣分 39.6,籽指 10.9 克。吐絮畅而集中,易收摘,纤维洁白有丝光。

产量表现 2002—2003 年参加新疆维吾尔自治区区域试验,每公顷平均皮棉和霜前皮棉产量分别为 2 310 千克和 2 106 千克,分别比对照品种中棉所 35 增产 13.6%和 19.9%,居参试的常规品种首位,增产达极显著水平。生产示范中,每公顷产皮棉 2 550~3 150 千克,霜前花率 90%。

抗病性 抗病性鉴定结果,平均枯萎病病指 4.4,黄萎病病指 20.6,属于抗枯萎病、耐黄萎病品种。

纤维品质 经农业部棉花纤维品质监督检验测试中心检测:上半部平均长度 30.1 毫米,整齐度 73.6%,比强度 31.2 cN·tex^{-1},伸长率 5.8%,麦克隆值 4.8。

栽培技术要点

适时播种 中棉所 43 属于中早熟类型品种,播种期以 4 月

15～20 日为宜,播种后地膜覆盖。

合理密植　该品种株型偏紧,每公顷密度以 19.5 万～22.5 万株为宜。

肥水管理　该品种早发性好,需肥量大,一般基肥应占总施肥量的 60%。基肥每公顷施优质农家肥 60 米³ 以上,三元复合肥 1 050～1 200 千克,尤其注意增施磷、钾肥,提高中后期生长活性。初花期施饼肥和三元复合肥,后期喷叶面肥。在前期管理的基础上,中后期注意浇水,防止早衰。

适时化学调控　6 月下旬至 7 月上旬根据天气和棉花长势适量化学调控,掌握少量多次的原则。7 月下旬以后用量适当增加。一般该品种用量少于其他品种。

适宜种植区域　该品种适合在新疆维吾尔自治区南部棉区种植,肥水条件较好地区更为适宜。

(二)中棉所 49

品种来源　中棉所 49 是由中国农业科学院棉花研究所育成的常规早中熟棉花新品种,2002—2003 年参加西北内陆棉花品种区域试验,2003 年参加西北内陆棉花品种生产试验,2004 年先后通过新疆维吾尔自治区和国家农作物品种审定委员会审定(审定编号:新审棉 2004 年 008 号,国审棉 2004003)。2009 年获得国家品种权号(CNA20050567.X)。

特征特性　中棉所 49 属于早中熟陆地棉品种,生育期 145 天,比中棉所 35 早熟 1～2 天。植株塔形,茎秆柔软有韧性、茸毛少。叶片中等大小、上举,叶裂深。株高 61.3 厘米,第一果枝节位 5.5 节,株果枝数 10.4 台,单株结铃 7.1 个,铃卵圆形,单铃重 6.1 克。籽指 11.1 克,不孕籽率 6.7%,衣分 41.8%,霜前花率 93.7%。

产量表现　2002—2003 年两年西北内陆棉花品种区域试验

结果:每公顷产籽棉 4 711.5 千克、皮棉 1 965 千克、霜前皮棉 1 786.5 千克,分别比对照中棉所 35 增产 7.0%、11.0% 和 17.3%,均居参试品种的第一位。2003 年西北内陆棉花品种生产试验结果:每公顷产籽棉 5 068.5 千克、皮棉 2 203.5 千克、霜前皮棉 1 708.5 千克,分别比对照中 35 增产 8.8%、16.7% 和 26.3%,均位于参试品种的第一位。

纤维品质 2002—2003 年两年区域试验棉样经农业部棉花品质监督检验测试中心测定:上半部平均长度 30.5 毫米,比强度 29.0cN·tex^{-1},麦克隆值 4.3,该品种比强度较中棉所 35 提高了 2 cN·tex^{-1},基本解决了南疆棉花品种纤维比强度偏低问题。

抗病虫性 2002—2003 年新疆维吾尔自治区植保站生育期发病高峰鉴定:枯萎病指 0,黄萎病指 1.5,在西北内陆棉区属枯萎病免疫、高抗黄萎病品种。2002 年经中棉所品种资源室鉴定:耐旱鉴定相对成活苗率为 57.0%;耐盐鉴定相对出苗率为 52.4%,属耐旱又耐盐品种。

栽培技术要点

播期和密度 最佳播期为 4 月 5～15 日,每公顷实收株数以 16.5 万～18 万株为宜。

施肥浇水 重施基肥,氮肥占总施氮量的 60% 左右,磷、钾肥全部作基肥施用。全生育期灌水 3～4 次,花铃期要保持田间持水量。

全程化学调控 及时适量喷洒缩节胺 3 次,株高控制在 75 厘米左右。

防治病虫害 及时防治蚜虫、棉铃虫和甜菜夜蛾等害虫。

适宜种植区域 该品种适宜在西北内陆无霜期 180 天以上的早中熟棉区种植。

（三）中棉所67

中棉所67由中国农业科学院棉花研究所北疆生态试验站选育，以早熟抗病的棉花新品种中棉所42选系中110为母本，以石河子农科中心植保所选育的早熟抗病品系56-2-9为父本杂交选育而成。该品种于2006年参加新疆维吾尔自治区早熟棉区域试验，2007年参加新疆维吾尔自治区伊犁州区域试验和生产试验，2007年通过新疆维吾尔自治区伊犁州农作物品种审定委员会审定并命名。

特征特性 该品种为陆地棉早熟棉花品种，平均生育期120天，霜前花率90％以上；植株筒形，株型紧凑，植株较矮，株高50～60厘米，第一果枝节位4.0节；叶片较小，叶色浅绿，铃卵圆形，中等大小，铃4～5室，铃壳薄，铃重5.5克，单株结铃5～7个；结铃集中，吐絮畅，易采摘。种子梨形，灰白色，籽指9.8克，衣分44％；整个生育期生长稳健，现蕾开花早，吐絮早，早熟性突出。

产量表现 2006年参加新疆维吾尔自治区早熟棉区域试验，霜前籽棉和霜前皮棉产量分别为每公顷4 927.5千克和2 163.6千克，2007年参加石河子垦区棉花新品种展示试验，霜前籽棉和霜前皮棉产量分别为每公顷3 744.5千克和1 563.8千克，分别比对照增产14.2％和22.1％；2007年参加伊犁州特早熟棉花品种生产试验，霜前籽棉和霜前皮棉产量分别为每公顷4 924.5千克、2 092.9千克，分别比对照增产20.1％和25％，霜前花率分别为94.5％～99.5％，早熟性突出。连续几年的试验表明中棉所67霜前籽棉每公顷产量大都在4 800千克以上，霜前皮棉每公顷产量大都在2 100千克以上。

抗病性 2007年农八师石河子农科中心棉花研究所在枯黄萎病圃种植鉴定并进行剖秆鉴定，枯萎病株率为15.8％，病指5.7；黄萎病株率为19.8％，病指为13.9；属抗枯萎抗黄萎病品种。

纤维品质 2006 年新疆维吾尔自治区早熟棉花品种区域试验,经农业部棉花纤维品质监督检中心检测结果:纤维上半部平均长度 29.29 毫米,麦克隆值 4.5,比强度 31.26 cN·tex^{-1}。

栽培技术要点 在新疆维吾尔自治区播种期为 4 月中下旬,播深 4 厘米左右,播后及时覆膜封洞。每公顷留苗 2.25 万～2.7 万株,单株留果枝 6～8 条。苗期田间管理。要及时定苗、治虫促苗早发。中棉所 67 长势稳健,植株紧凑,对缩节胺较敏感,掌握勤控轻控,切忌使用过量。在施足基肥的基础上每公顷追施尿素 300 千克为宜。中棉所 67 生育期短,必须有效地控制虫害,如蓟马、棉蚜、棉红蜘蛛等为主要害虫,应按防治指标及时防治。

(四)新彩棉 13 号

新彩棉 13 号(原系号石彩 2)是新疆维吾尔自治区石河子棉花研究所于 2001 年以自育特早熟、高产、抗病深棕絮品系石彩 1 为母本,以优质美棉 8073 选系为父本进行杂交,经病圃强化选择、定向培育而成。通过 2005—2006 年新疆维吾尔自治区彩棉区域试验和生产试验,2007 年通过新疆维吾尔自治区农作物品种审定委员会审定并命名。

特征特性 植株塔形,Ⅱ式果枝,株型较紧凑。茎秆粗壮,普通叶形,叶片中等大小,叶色深绿,棉铃呈卵圆形,絮棕色。棉铃重 5.3 克,衣分 38.7%,籽指 11.2 克。生育期 139 天,霜前花率 95.4%。出苗整齐,苗期、花铃期长势稳健,后期早熟不早衰,吐絮畅、集中,含絮力适中。

产量表现 2005—2006 年参加新疆维吾尔自治区彩棉区域试验,每公顷籽棉、皮棉、霜前皮棉产量分别为 4 408.2 千克、1 709.4 千克和 1 627.95 千克,分别比对照新彩棉 1 号增产 14.4%、32.5% 和 31.7%,均位居两年参试品种(系)首位。

抗病性 新疆维吾尔自治区抗病性鉴定结果,发病高峰期枯萎病指 7.8,黄萎病指 45.5,属抗枯萎病、感黄萎病类型。

纤维品质 经农业部棉花品质监督检验测试中心测定:纤维上半部平均长度 28.89 毫米,整齐度 83.8%,比强度 27.62 cN·tex^{-1},伸长率 6.77%,麦克隆值 4.6。

栽培技术要点

播期与密度 地膜植棉适宜播种期 4 月 10～20 日。一般每公顷留苗 21 万～22.5 万株,留苗均匀,杜绝双苗。

施肥灌水 总施标准肥每公顷 1 800～2 100 千克,氮、磷、钾肥比例为 1:0.4:0.1。膜下滴灌地,30% 氮肥和大部分磷肥随耕翻作基肥,剩余肥料在中后期分次随水施入。滴灌地(一膜二管)生育期灌水量每公顷 3 750～4 200 米^3,滴灌 8～10 次,6 月中上旬进头水,8 月下旬停水。

全程化学调控 一般全生育期化学调控 4～5 次,棉苗现行后第一次化学调控,每公顷用缩节胺 12～15 克;4～5 叶第二次化学调控,每公顷用缩节胺 18～22.5 克;9 叶头水前第三次化学调控,每公顷用缩节胺 30～45 克;花期第四次化学调控,每公顷用缩节胺 60～75 克;打顶后 3～5 天每公顷用缩节胺 150 克左右。

适时打顶 留果枝 8～9 个,一般 6 月下旬至 7 月上旬打顶结束,将株高控制在 65 厘米以内。

虫害防治 采用综合防治措施,重点防治棉叶螨、棉蚜。

适宜种植区域 适应于北疆、南疆等早熟棉区种植。

(五)新海 30

新海 30 是新疆维吾尔自治区巴州农业科学研究所选育的早熟、高产、优质、高衣分型的长绒棉新品种。1998 年以新海 13 为母本,以吉扎 68 为父本进行杂交,2000 年从 28 个优良单株中选出 8 个综合性状表现突出的株系,2001 年将这 8 个株系在本所试验地和黄萎病圃进行株系鉴定,决选系为 B-3029。南繁加代后,

2002—2004 年进入品系比较试验,2005—2006 年参加新疆维吾尔自治区早熟长绒棉区试,2007 年参加生产试验。2008 年 3 月通过新疆维吾尔自治区农作物品种审定委员会审定,定名为新海 30。

特征特性 该品种为早熟长绒棉,全生育期 132～145 天,植株筒形,株型紧凑,株高 88～10 厘米。零式分枝,茎秆粗壮,坚硬直立,第一果枝着生节位 3.4 节,平均果枝数 13.50 节。叶色深绿,叶片中等,茸毛较少,花冠金黄色,花瓣基部红心明显,花粉黄色,铃卵圆形,有明显的油腺点,3～4 室,吐絮顺畅,易采摘,铃重 2.9～3.2 克。种子褐色,短绒灰绿色,籽指 10～12 克,衣分 33%～35.2%。

产量表现 2005—2006 年两年新疆维吾尔自治区区域试验平均:每公顷籽棉产量 5 066 千克,比对照新海 21 增产 4.04%;皮棉产量 1 740 千克,比对照增产 4.17%;霜前皮棉产量 1 581 千克,比对照增产 4.56%,2007 年新疆维吾尔自治区早熟长绒棉生产试验中,新海 30 每公顷籽棉产量、皮棉产量、霜前皮棉产量分别为 5 049 千克、1 781 千克和 1 738 千克。多点区域试验及生产示范结果表明,该品种成铃早,结铃性强,中后期耐脱落,有较好的丰产稳产性,增产潜力大。

抗病性 新海 30 生长势强,较耐中后期高温,适应性广。2007 年新疆维吾尔自治区棉花品种抗病性鉴定结果:枯萎病指为 15.8,属耐病类型;黄萎病指为 20,属抗病类型。

纤维品质 经农业部纤维品质监督检验测试中心检测,两年区试平均:上半部平均长度 35.78 毫米,整齐度 85.86%,比强度 42.8 cN·tex^{-1},伸长率 6.17%,麦克隆值 4.2,反射率 77.9%,黄度 7.6,纺纱均匀性指数 207.5。纤维品质好,长度和比强度相匹配。

栽培技术要点

适期播种 膜下 5 厘米地温稳定通过 12℃时,结合天气预报确定播种期。常年南疆的适宜播期为 4 月 10～20 日。

合理密植 一般每公顷播种密度 24 万～27 万株,收获株数 21 万～25 万株。

中耕除草 播前用除草剂封闭土壤,全生育期中耕 2～3 次,早中耕、深中耕。

平衡施肥 新海 30 开花结铃早,为确保蕾期早发稳长,基肥要以氮、磷、钾肥为主,重施有机肥,花铃期叶面喷施微量元素防早衰。

科学灌溉 常规棉田全生育期灌水 4～5 次,滴灌棉田灌水 10～14 次。

防治害虫 播前用药剂拌种,防治苗期地下害虫,作物生长期间,采取隐蔽施药、保护天敌、以虫治虫的综合防治措施。

适时打顶 正常年份下,7 月 15～20 日打顶。

适宜种植区域 该品种适宜南疆早熟长绒棉区种植。

(六)陇棉 1 号

陇棉 1 号(原代号低酚 88-02)是甘肃省农业科学院经济作物研究所从棉花抗枯萎病品系低酚 34 选择变异单株,经系谱法选择和定向培育,于 1996 年育成的优质、高产、抗病、抗蚜棉花品种。1994—1995 年参加甘肃省棉花品种区域试验,1995—1996 年参加甘肃省生产试验,1998 年通过甘肃省农作物品种审定委员会审定(甘种审字第 212 号)。

特征特性 陇棉 1 号属早熟性陆地棉品种,生育期 139 天。植株塔形,棉株长势强,抗逆性强,不早衰。株高 65 厘米,茎秆粗细中等,嫩茎绿色,茎表茸毛较多。主茎节间长度均匀,叶片薄,中等大小,叶背茸毛多,叶层空间分布合理,田间通风透光性好。果枝始节位 5.0 节,果枝 8～10 条,空果枝少。花冠白色,与苞叶等长,单株结铃 6～10 个,棉铃卵圆形,铃壳较薄,铃重 6.0 克,衣分

39.3％，籽指 11.6 克，霜前花率 70.4％～92.5％，吐絮畅，絮色洁白，品质较好。经甘肃省农业科学院测试室测定，棉籽中棉酚含量 0.01％，低于国际标准（为 0.02％）。

产量表现 在 1994—1995 年甘肃省棉花品种区域试验中，平均每公顷产籽棉 4 757.6 千克，比对照种新陆早 1 号增产 4.7％；皮棉产量 1 869.8 千克，比对照增产 14.3％。1995—1996 年甘肃省生产试验，平均每公顷籽棉产量为 4 323.1 千克，比对照新陆早 1 号增产 8.6％；皮棉产量为 1 686.0 千克，比对照增产 17.7％。

抗病虫性 陇棉 1 号高抗枯萎病，抗黄萎病。历年枯萎病病圃发病率为 1.0％～3.0％，枯萎病指为 2.6～3.3，黄萎病指为 12.5 左右；陇棉 1 号对蚜虫侵染有一定的抗性，该品种叶背面着生有较密的茸毛，经测定每平方厘米平均 249 根，比一般棉花品种高出一倍以上，对蚜虫侵染有阻抗作用。

纤维品质 农业部棉花纤维品质监督检验测试中心检测：2.5％跨长 29.0 毫米，比强度 22.2 cN·tex^{-1}，麦克隆值 3.7，伸长率 6.3％，反射率 80.0％，黄度 7.2，整齐度 80％。各项指标均符合纺织工艺要求。

栽培技术要点

精选种子 播种前做好药剂处理种子工作。每 100 千克种子拌适乐时 200 毫升，可显著防治棉花根腐病、立枯病、枯萎病，确保一播全苗。

精细整地，适期早播 适宜播种期为 4 月 15 日前后，播种前棉田整地要达到"齐、平、净、碎、松、墒"。下种量每公顷不低于 75 千克，每穴下籽 4～5 粒，空穴率不超过 2％。

勤中耕，合理密植 定苗前后及时中耕锄草，有利于破除板结，提高地温和保墒，促壮苗早发。保苗株数应以地力而定，中上等肥力棉田每公顷保苗 16.5 万～18.0 万株，下等肥力棉田每公顷保苗 19.0 万～22.5 万株。

综合防治杂草与病虫害　播前每公顷施用除草剂氟乐灵2 250～2 700克,喷后立即整地。一般年份可不防除棉蚜,若遇大发生年份,发生初期用手抹,拔除中心株等方法,以保护天敌,6月上中旬若棉蚜大发生,天敌不足以控制其为害时,可用10％吡虫啉或3％啶虫脒1 000倍液喷雾防治;棉铃虫的防治主要采用种植诱集带和杀虫灯捕杀的办法;5月上旬在田埂杂草上发现红蜘蛛时,可用15％扫螨净乳油2 000倍液喷雾防治,将虫源消灭在地埂杂草上;烟粉虱的防治要抓住其在温室大棚内蔬菜上越冬的特点,在揭棚前集中用烟雾剂在棚内熏蒸。

合理施肥　在每公顷基施优质农家肥45～60米³的基础上,施纯氮195千克、五氧化二磷117千克、氧化钾117千克。结合整地将60％氮肥和全部磷、钾肥在播种前一次性施入土层10厘米以下作基肥,其余30％和10％的氮肥分别于头水、二水时追施。并根据棉花长势,喷施叶面肥,结合灌水、防虫、化学调控,每公顷用磷酸二氢钾1 500～2 250克对水喷雾5～6次,有利于保花保铃,提高坐果率,增加产量。

科学化学调控,适时整枝　棉花现蕾前每公顷用缩节胺7.5～15克化学调控,并在盛蕾期、花期、花铃期每公顷用50％矮壮素30毫升、60毫升、90毫升共均匀喷雾3～4次。7月15日前完成打顶工作,将果枝数控制在8～10个,将株高控制在60～65厘米。

适时适量灌水　见花期前后灌头水,以后每隔20天左右灌一次水,共3～4次。第三水宜浅灌,每公顷灌水量控制在450米³。8月下旬停水。

适宜种植区域　适宜在河西走廊和北疆地区种植,由于其生长势强,在沙性土壤、新垦荒地均可种植,并且适应枯萎病重发田和黄萎病轻发田。

（七）新杂棉 2 号

该品种是农一师农业科学研究所与农七师农业科学研究所联合育成，利用 1999 年西南农大引进的高强材料 79701，从中系选早熟高强的短果枝陆地棉品系 1038 并转育成不育系 H-1038A，2002 年配制陆海杂交组合。2004—2005 年参加新疆维吾尔自治区南疆早中熟组陆地棉区域试验和新疆维吾尔自治区抗病鉴定试验，2005 年参加新疆维吾尔自治区生产试验。2006 年通过新疆维吾尔自治区农作物品种审定委员会审定并命名。

特征特性　该杂交种生育期 125 天，霜前花率 95%。植株呈筒形，株型紧凑，茎秆较软，田间通透性较好，株高 74.55 厘米。茎秆、叶背绒毛较少，茎色绿色，后转为红褐色，花冠扇形，浅黄色，苞叶形状心脏形。花药黄色，柱头呈乳黄色。零式和有限果枝混生型，第一果枝着生节位在 3.28 节，果枝 10.5 条。子叶肾形，下部 3～4 片叶为心脏形，中上部叶 3～5 裂，叶片大、叶裂深，叶色深绿。铃长卵圆形，铃嘴尖，铃面深绿色，多为四室铃，铃重 4.13 克，吐絮畅，较集中，絮色白。棉铃空间分布集中均匀，通风透光性好，有利于棉铃的快速发育，吐絮畅，含絮力较差，丰产性较好。种子黑褐色，顶端披绿色短绒，灰绿毛籽。衣分 38.85%，籽指 10.97 克。

产量表现　2004—2005 年参加新疆维吾尔自治区南疆早中熟组陆地棉区域试验，平均每公顷霜前皮棉产量为 1 829.6 千克，比对照中棉所 35 增产 4.7%；籽棉产量为 4 882.5 千克，比对照增产 4.0%；皮棉产量 1 897.7 千克，比对照减产 1.2%。

抗病性　2005 年自治区植保站抗病鉴定，高抗枯萎病，病情指数 0，耐黄萎病，病情指数 25.3。

纤维品质　农业部纤维品质监督检验测试中心检测：上半部平均长度 34.3 毫米，比强度 37.4 cN·tex^{-1}，麦克隆值 3.5，反射率 76.2％,黄度 6.9,纺纱均匀性指数 184,属中长绒棉。

栽培技术要点

播期和密度　播种时间在 4 月中旬,地膜宽窄均可种植。每公顷播种密度 15 万～18 万株,保证收获株数 13.5 万株。

施肥　一般基肥每公顷施油渣 1 500 千克左右、尿素 225～270 千克、三料磷肥(重过磷酸钙)225～300 千克或棉花专用肥 750 千克。浇灌棉田头水前每公顷棉田追施尿素 120～150 千克,二水每公顷棉田追施尿素 75～120 千克;滴灌棉田可随水滴施尿素 2～3 次,每次 60～75 千克。

灌水　全生育期灌水 3～4 次,适时灌水,8 月 20 日停水。滴灌棉田全期灌水 5～6 次,每次滴灌时间不超过 36 小时,最后一次灌水不晚于 8 月 30 日。灌水期间,切忌水量过大,否则,易造成植株生长过旺,后期贪青晚熟。

化学调控　该杂交种生育前期生长势强,主要以控为主,培育壮苗,中期控促结合。全生育期以化学调控 3～4 次为宜。苗期每公顷使用缩节胺 7.5～12.0 克,对水 225 升喷施;7～8 叶期用缩节胺 30～45 克;头水前使用缩节胺 60～75 克,对水 450 升喷施;打顶后用缩节胺 90 克再化学调控一次。打顶时间一般在 7 月 15 日左右。

适宜种植区域　该杂交种适宜在新疆南部和东部热量资源丰富地区种植。

(八)新彩棉 14 号

新彩棉 14 号是由新疆兵团农七师农业科学研究所采用常规系统选育技术,从引进的棕色棉材料棕 2-63 中分离出的变异单株定向选育而成。2005—2006 年参加新疆维吾尔自治区彩色棉品种区域试验及生产试验,2007 年通过新疆维吾尔自治区农作物品种审定委员会审定。

特征特性 新彩棉 14 号生育期 130 天左右,植株筒形,Ⅱ-Ⅲ式果枝,偏松散;植株茎秆粗壮,叶片中等大小,叶色深绿;始果枝节位 5～6 节,田间通透性好;种子出苗快且整齐,生育期内生长势较强,后期不早衰;植株结铃性突出,铃卵圆形偏尖,中等大小,絮色棕色,吐絮畅,易采摘。铃重 5.1 克,衣分 38.4%,籽指 9.9 克,霜前花率 95%。

产量表现 2005—2006 年参加新疆维吾尔自治区彩色棉区域试验,平均每公顷籽棉产量 4 389.45 千克、皮棉产量 1 667.4 千克,霜前皮棉产量 1 590.45 千克,分别比对照新彩棉 1 号增产 13.5%、29.2%和 28.7%,霜前花率 95%。

抗病性 2006 年新疆维吾尔自治区植保站鉴定结果:枯萎病指 2.4,表现为高抗枯萎病;黄萎病指 46.1,表现为感黄萎病。

纤维品质 新疆维吾尔自治区彩色棉区域试验结果:纤维上半部平均长度 28.0 毫米,整齐度 84.0%,比强度 28.3 cN·tex^{-1},麦克隆值 3.9,伸长率 6.8%,反射率 78.8%,黄度 7.1,纺纱均匀性指数 140。

栽培技术要点

播前准备 施足基肥:有机肥与化肥并用,一般每公顷施尿素 300 千克,磷酸二铵 375 千克,油渣 750 千克;播前用 1 200～1 500 克氟乐灵进行土壤封闭,均匀喷洒,以防除杂草。

适期早播 正常气候条件下,3 天 5 厘米地温稳定在 12℃即可播种,一般 4 月 10～20 日之间播种为宜。

合理密植 该品种偏松散,不适宜高密度种植,一般每公顷收获株数 19.5 万～21 万株为宜。

化学调控措施 该品种要求 2～3 叶期开始化学调控,每公顷缩节胺用量 4.5～7.5 克;以后每 3～4 片叶化学调控一次,化学调控量 15～75 克;后期化学调控与打顶相结合,化学调控量每公顷 75～120 克,打顶在棉株达到 8 个果枝左右、单株结铃 7 个左右时进行。

肥水运筹　每公顷施肥总量 2 100～2 250 千克,要求重施基肥与花铃肥,苗期以喷施叶面肥为主,稳施蕾肥,后期注意补施防早衰。滴灌棉田全生育期滴水 8 次,随水滴肥,总用水量 3 750～4 200 米^3,在保证棉田足够养分的条件下,后期化学调控、水肥调控相结合,常规灌棉田全生育期灌 3～4 次,总用水量 5 250～6 000米^3。

适宜种植区域　该品种适宜在新疆早熟、早中熟棉区种植。以在黄萎病轻病地种植为宜,注意与白色棉隔离种植,以免污染。

(九)新 海 26

新海 26 是新疆维吾尔自治区巴州农业科学研究所选育的长绒棉新品种。1997 年以新海 12 号为母本,巴州所自育品系873117 为父本进行杂交,2000 年从 47 个优良单株中选出 5 个综合性状表现突出的株系,2001 年在本所试验地和黄萎病圃进行株系鉴定,决选系为 20-02。南繁加代后,2002—2004 年进入品系比较试验,2005—2006 年参加新疆维吾尔自治区早熟长绒棉区域试验,2006 年获准同时参加生产试验,2007 年通过新疆维吾尔自治区农作物品种审定委员会审定并定名。

特征特性　该品种为早熟长绒棉,全生育期 138～144 天,植株筒形,株型紧凑,株高 88～93 厘米。零式果枝,茎秆粗壮,坚硬直立,第一果枝着生节位 3.4 节,平均果枝数 13.8 个。叶色深绿,叶片较大,茸毛较多,花冠金黄色,花瓣基部红心明显,花粉黄色,铃卵圆形,有明显的油腺点,多为三室,吐絮顺畅,易采摘,铃重3.4 克。种子褐色,短绒灰绿色,籽指 12.1 克,霜前花率 96.6%,衣分 33.9%。

产量表现　2005—2006 年两年区域试验平均,每公顷籽棉产量 5 214 千克,比对照新海 21 增产 7.1%;每公顷皮棉产量 1 762

千克,比对照增产5.5%;霜前皮棉产量每公顷1598千克,比对照增产5.8%。在2006年新疆维吾尔自治区早熟长绒棉生产试验中,每公顷籽棉、皮棉和霜前皮棉产量分别为5 086.5千克、1 726.2千克和1 657.5千克,分别位于全部参试品种的第二、第二和第一位。多点区域试验及生产示范表明,该品种有较好丰产性、稳产性,增产潜力大。

抗逆性及抗病性　新海26号生长势强,较耐前期低温、中后期高温,适应性广,经过多年试验、试种、示范及生产的表现结果和病圃分析,该品种表现为耐枯、黄萎病。

纤维品质　农业部棉花纤维品质监督检验测试中心检测平均:上半部平均长度35.9毫米,整齐度86.3%,比强度42.5 cN·tex^{-1},伸长率6.2%,麦克隆值4.3,反射率77.7%,黄度7.2,纺纱均匀性指数207.5。

栽培技术要点

适期播种　膜下5厘米地温稳定通过12℃时,结合天气预报确定播种期。常年南疆的适宜播期为4月10～20日。

合理密植　一般为每公顷21万～27万株,收获株数19.5万～24.7万株。

中耕除草　播前用除草剂封闭土壤,全生育期中耕2～3次,早中耕、深中耕。

平衡施肥　氮、磷、钾肥和微量元素配合,重施有机肥。

科学灌溉　常规棉田全生育期灌水4～5次,滴灌棉田灌水10～14次。

防治害虫　播前用药剂拌种,防治苗期地下害虫,作物生长期间,采取隐蔽施药、保护天敌、以虫治虫的综合防治措施。

适时打顶　正常年份下,在7月15～20日打顶。

适宜种植区域　该品种适宜在南疆早熟长绒棉区种植。

（十）新陆棉 1 号

新陆棉 1 号（原品系代号 2000-2）是新疆维吾尔自治区农业科学院经济作物研究所与中国农业科学院生物技术研究所合作选育出的新疆维吾尔自治区的转基因棉花新品种。2004 年参加西北内陆区域试验，2005 年同时参加西北内陆区域试验和生产试验，2005 年通过农业部农作物转基因安全评价［农基安证字（2005）第 084 号］，2006 年通过国家农作物品种审定委员会审定并命名为新陆棉 1 号（国审棉 2006018）。

特征特性　全生育期 143 天，属陆地棉早中熟品种。植株塔形，株型松散，Ⅱ式果枝；叶片中等大小，上举，叶色深绿，缺刻较深；茎秆较硬有弹性，有茸毛；茎秆和叶柄有腺体；铃卵圆形，铃嘴尖，结铃性强，铃重 6.5 克，衣分 41%～42%，单株结铃 8 个，果枝始节 5.0 节，籽指 10.7 克。苗期长势较稳，中后期生育进程快，后期叶功能期长，全生育期生长稳健。

产量表现　2004 年参加国家西北内陆区域试验，每公顷籽棉、皮棉、霜前皮棉产量分别为 4 705.5 千克、1 921.5 千克和 1 753.5 千克，分别比对照中棉所 35 增产 5.1%、5% 和 3.4%。在参试的 8 个品系中产量居第一位。2005 年籽棉、皮棉、霜前皮棉平均产量分别为 5 003.7 千克、2 023.1 千克和 1 808.3 千克，分别比对照增产 5.9%、6.4% 和 3.0%。霜前花率 88.9%。

抗病虫性　中国农业科学院生物技术研究所廊坊试验基地检测鉴定，每克鲜重 Bt 蛋白含量为 558～820 纳克，达到高抗虫性标准。采用 Bt 胶体金免疫检测试纸条定性检测，抗虫株率达到 100%。新疆维吾尔自治区植保站分别在麦盖提县植保站和石河子植保植检站的枯萎病和黄萎病人工病圃中统一鉴定，枯萎病花铃期病指为 16.7，达耐病水平；黄萎病花铃期病指为 7.6，达到高抗水平。

纤维品质　新陆棉 1 号经农业部棉花品质监督检验测试中心测定:纤维上半部平均长度 32.0 毫米,整齐度 83.5%,比强度 31cN·tex^{-1},伸长率 6.9%,反射率 76.2%,麦克隆值 4.2,纺纱均匀性指数 139。

栽培技术要点

适时播种,合理密植　新疆维吾尔自治区早中熟棉区一般播期为 4 月 15 日左右,理论密度以每公顷 15 万～18 万株为宜。

合理施肥　基肥施用,根据土壤肥力每公顷全层施入有机肥 30.0～45.0 吨,尿素 300～375 千克,磷酸二铵或三料磷肥 300～375 千克,硫酸钾 90 千克。花铃肥追肥应坚持"苗肥不施或轻施、蕾肥稳施、花铃肥重施、后期补施"的原则,追肥要以氮肥为主,磷肥少量,坚持蕾肥花用,宜于头水前每公顷施尿素 150～225 千克,三料磷肥 45～75 千克,或磷酸二铵 225～300 千克。

适时化学调控　雨水正常年份,可进行 3～4 次化学调控,在盛蕾期每公顷用缩节胺 30 克左右;初花期用 75 克;打顶后 5 天,用 120～150 克缩节胺。但具体应视其长势增减用量。

及时进行中耕、除草和浇灌,保证棉田土质疏松。

适宜种植区域　该品种适于新疆维吾尔自治区南疆中早熟棉区种植。

(十一)新陆早 35 号

新陆早 35 号(原号 0317)是新疆建设兵团农七师农业科学研究所选育而成的棉花新品种。

组合为[(新陆早 3 号×中 2621)×抗选 35)]×97-185,2005—2006 年参加新疆维吾尔自治区早熟棉品种区域试验,2006 年同时参加新疆维吾尔自治区早熟棉品种区域试验和生产试验,2007 年通过新疆维吾尔自治区农作物品种审定委员会审定。

特征特性　新陆早 35 号属早熟陆地棉,生育期 126～128 天。

Ⅱ式果枝,果枝与主茎夹角较小,植株近筒形,较紧凑。茎秆较硬,叶片中等大小,裂刻较深,田间通透性较好。始果枝节位 4.5 节,始果节高度 18 厘米左右。棉株前中期生长势较强,后期生长稳健,不早衰。棉株结铃性强,棉铃卵圆形,铃重 5.3～5.6 克,衣分42%～44%,籽指 10 克。吐絮畅较集中。正常年份霜前花率90%以上。

产量表现　2005—2006 年参加新疆维吾尔自治区早熟棉区域试验,每公顷籽棉、皮棉和霜前皮棉产量分别为 5 143.5 千克、2 161 千克和 2 106 千克,分别比对照新陆早 13 号增产 6.0%、9.4%和 8.5%;2006 年生产试验中,平均每公顷皮棉产量为 2 158.5 千克,比对照新陆早 13 号增产 0.2%,霜前花率达97.2%。

纤维品质　农业部棉花品质监督检验测试中心纤维品质检测结果:纤维上半部平均长度 30.4 毫米,整齐度 85.6%,断裂比强度 31.5 cN·tex^{-1},麦克隆值 4.6,断裂伸长率 6.6%,反射率77.3%,黄度 7.7,纺纱均匀性指数 158.3。2006 年生产试验:纤维上半部平均长度 30.2 毫米,整齐度 86.1%,断裂比强度 31.5 cN·tex^{-1},麦克隆值 4.4,断裂伸长率 6.1%,反射率 78.6%,黄度 7.8,纺纱均匀性指数 162,纤维品质较好且稳定性好。

抗病性　2004—2006 年该所人工枯萎病圃剖秆鉴定,枯萎病指 5.6～8.2;2006 年新疆维吾尔自治区植保站病圃枯萎病发病高峰期病指 11.2,剖秆病指 15.9,黄萎病指 41.1,为耐枯萎病和黄萎病品种。

栽培技术要点

适期早播,合理密植　早熟棉区正常年份在 4 月 8～15 日较好。收获株数每公顷 21 万株。

全程化学调控　前中期生长势较强,要求早化学调控。齐苗至 1 叶期进行第一次化学调控,每公顷喷施缩节胺 12 克左右,以后每生长 3～4 叶化学调控一次,用量据棉苗长势灵活掌握。将果节间距控制在 5～6 厘米,株高控制 65 厘米左右。

肥水运筹 全层施肥,每公顷施标准肥 2 250 千克左右,氮、磷比例为 1:0.3～0.4,磷肥 1/3 和氮肥 2/3 总量作生育期间追肥。滴灌田生育期滴水 8～10 次,每公顷用水量 4 200 米³,常规灌棉田生育期灌水 3 次,用水量 4 500 米³。

适期早打顶 单株留果枝 9 个左右。早熟棉区正常年份在 7 月初开始,7 月 5 日结束。

综合防治虫害 苗期主要防治蓟马、盲椿象,中后期防治棉叶螨、蚜虫等。

适宜种植区域 适宜年有效积温在 3 400℃以上的南、北疆早熟棉区和甘肃早熟棉区种植。

(十二)新陆早 36 号

新陆早 36 号(新石 K8)是新疆维吾尔自治区石河子棉花研究所以 1997 年自育早熟、丰产品系 1304 为母本,以抗病品系 BD 103 为父本,通过有性杂交,经多年南繁北育,病圃鉴定筛选,定向选育而成。2005 年参加新疆维吾尔自治区早熟组棉花品种区域试验,2006 年同时参加生产试验,2007 年经新疆维吾尔自治区农作物品种审定委员会审定并命名。

特征特性 株型较紧凑,Ⅱ 式果枝,株高 65 厘米。生育期 120 天,早熟性突出,整个生育期长势稳健。棉铃卵圆形,中等大小,结铃性较好,铃重 5.6 克,衣分 41.52%,籽指 9.90 克,霜前花率 98.77%。吐絮集中,絮白、不夹壳、易采摘。

产量表现 2005—2006 年新疆维吾尔自治区区域试验平均:籽棉、皮棉和霜前皮棉每公顷分别为 5 423.1 千克、2 254.35 千克和 2 231.85 千克,分别比对照新陆早 13 号增产 10.7%、11.6% 和 11.7%。2006 年生产试验中,每公顷籽棉产量 5 356.7 千克,比对照增产 4.40%；皮棉每公顷产量 2 263.1 千克，比对照增产 5.0%。

抗病性　2006 年新疆维吾尔自治区植保站抗病鉴定结果，黄萎病发病高峰期的黄萎指数为 24.5；枯萎病发病高峰期的枯萎病指 4.6，属高抗枯萎病耐黄萎病类型。

纤维品质　2005—2006 年经农业部棉花品质监督检测中心测试：纤维上半部平均长度 28.7 毫米，断裂比强度 29.4cN·tex^{-1}，麦克隆值 4.4，断裂伸长率 6.7%，反射率 76.9%，黄度 8.0，整齐度 84%，纺纱均匀性指数 143。

栽培技术要点

播期与密度　一般在 4 月 10～20 日播种，每公顷保苗株数应保持在 22.5 万～24 万株，收获株数 18 万～19.5 万株，地膜栽培。

施肥与灌水　全层施肥，酌情施蕾肥，重施、早施花铃肥。有机肥与无机肥相结合。氮、磷、钾肥配合，科学使用叶面肥。按"三看"（看天、看地、看苗）原则灌水，沟灌地重点掌握好头水和最后一水的时间与水量，时间不宜早亦不宜晚。全生育期沟灌地灌水 3～4 次，每公顷总用水量 4 200～4 500 米^3；滴灌地灌水 7～9 次，每次每公顷用水量 450 米^3，每 7～10 天滴水一次。

化学调控　因时、因地、因长势化学调控，子叶期每公顷用 15.0 克缩节胺化学调控一次，苗期 2～3 片真叶时用 15.0 克缩节胺轻调，头水前后用 30～45 克缩节胺调控一次，第四次结合打顶每公顷用 120～150 克缩节胺重控一次。

打顶　7 月 10 日结束打顶工作，留 8～10 个果枝，采用 1 叶 1 心打顶法，将株高控制在 65 厘米左右。

虫害防治　根据虫害发生规律，掌握虫情动态，预防为主，综合防治，尽量用对天敌杀伤力小的农药，重点防治棉蚜和棉叶螨。

适宜种植区域　适于北疆棉区、南疆早熟棉区和甘肃河西走廊棉区种植。

（十三）新陆早 37 号

新陆早 37 号（原名 96-19）是新疆建设兵团农五师农科所选育的高抗枯萎、抗黄萎病棉花新品种。以本所自育品系 8 号为母本，以 9001、系 5 及 90-2 花粉混合为多父本杂交选育而成。2004—2005 年参加新疆维吾尔自治区棉花品种区域试验，2006 年参加新疆维吾尔自治区棉花品种生产试验，2007 年通过新疆维吾尔自治区农作物品种审定委员会审定命名。

特征特性　植株呈塔形，Ⅱ式果枝，高抗枯萎病、抗黄萎病，苗期发育迅速，易出现高脚苗，中期生长稳健，后期生长势较强，不早衰，茎秆粗壮，茎秆、叶片上茸毛较多，叶片大，叶色灰绿，苞叶大，铃较大、卵圆形、有明显喙尖，吐絮畅，絮色洁白，易拾花。生育期128 天，第一果枝节位 5.4 节，株高 65.0 厘米，铃重 6.5 克，籽指11.3 克，衣指 7.9 克，衣分 40％。

产量表现　在 2005 年新疆维吾尔自治区区域试验中，籽棉产量比对照新陆早 13 号增产 3.9％，皮棉产量比对照增产 2.8％。2006 年在农五师试验点中，籽棉产量比对照新陆早 13 号增产12.6％，皮棉产量比对照增产 11.0％。2006 年在全疆 6 个生产试验点中，籽棉产量比对照增产 1.7％，皮棉产量为对照的98.6％。

抗病虫性　经新疆维吾尔自治区植保站病圃田间分级调查鉴定，花蕾期、花铃期黄萎病指分别为 8.8、17.0；花蕾期、花铃期田间调查及剖秆鉴定，枯萎病指分别为 0.2、0.7 和 4.3，达高抗水平，在同期鉴定的 34 份材料中，病指最低。

纤维品质　2004—2005 年两年区域试验的纤维样品经农业部棉花品质监督检验测试中心测定：上半部平均长度 29.9 毫米，整齐度 85.1％，比强度 30.7cN・tex^{-1}，伸长率 7.1％，麦克隆值4.3，反射率 76.9％，黄度 7.8，纺纱均匀性指数 152.5。

栽培技术要点

地膜覆盖　宽膜或超宽膜植棉的增温、保墒作用明显,对该区干旱少雨和春季温度不足有很强的弥补作用。

高密度种植　虽然新陆早 37 号长势较强,靠个体的优势也能取得较高的产量,但受本区气候条件的约束,采用较高的种植密度,可降低果枝数,保证现蕾、开花、吐絮较为集中。每公顷收获株数以 22.5 万～25.5 万株为好。

适期早播　气候正常年份以 4 月 10～20 日播种为宜。保证播种质量,做到播行笔直、下籽均匀、深浅一致、盖土严密、膜面整洁、采光面充分,力争一播全苗。膜上点播棉田,出苗前若遇雨,应及时破除板结,以利于出苗。尽早定苗、中耕、封土,促进早发。

采用节水灌溉　节水灌溉是保证水资源合理应用的一项措施,同时又是目前新疆棉花高产或超高产最重要的保证。可选用滴灌、软管灌等灌溉方式。

化学调控　新陆早 37 号苗期生长迅速,苗齐后及时进行化学调控,每公顷用缩节胺 7.5～15.0 克,使棉苗稳健生长;3～4 叶期每公顷用缩节胺 15～22.5 克;现蕾至打顶前用缩节胺 3～4 次;打顶后 5 天,每公顷用缩节胺 120～150 克封顶,人为塑造株型,达到枝、叶、铃空间分布合理,以最大限度地利用光、热能量。

打顶　7 月 10 日左右打顶结束,单株保留果枝 7～9 条,株高 60～70 厘米,以达群体构成合理,提早吐絮,保证棉花品质。

施肥　采用全层施肥,每公顷施厩肥 15 吨以上,油渣 750 千克以上,磷酸二铵 225～300 千克,尿素 75 千克,硫酸钾 75～150 千克。生育期内遵循棉花需肥规律,每公顷随水滴施尿素 450 千克,磷酸二氢钾 75 千克,掌握"两头少中间多"的原则,充分满足棉花花铃期对水肥的需求。

灌水　滴灌和软管灌棉田头水时间较以往的灌溉方式有所提前,灌水频次增加明显,生育期内应据土壤保水能力及植株长势掌握灌水次数及水量,加强肥水配合,促进结铃,停水时间应据当地9~10月份温度和降水预测,适时停水,保证棉铃全部吐絮。

虫害防治 为害本地区棉花的害虫以棉蚜、棉红蜘蛛为主,个别年份有棉铃虫为害。要根据虫害发生规律,做好调查,结合增益控害措施,采取早发现、早防治的策略。化学防治时,根据害虫种类,选择高效低毒的专性杀虫剂。

适宜种植区域 该品种适宜南疆早熟棉区、甘肃河西走廊棉区等地种植。

(十四)新陆中 29 号

新陆中 29 号(新杂棉 1 号)系新疆优质杂交棉有限公司以J95-8 为母本、以 11-6 为父本培育的杂交 F_2 代种,2002—2003 年参加新疆南疆地区试验示范,2004—2005 年参加了新疆维吾尔自治区品种区域试验及生产试验,2006 年通过新疆维吾尔自治区农作物品种审定委员会审定[新审棉(2006)第 65 号]。

特征特性 生育期 132 天,植株塔形,株高 70 厘米,生长势强,茎秆粗壮,有茸毛,叶片中等大。Ⅰ式果枝,果枝始节位 4.7~5.0 节,果枝 11~12 条,结铃性强,集中,单株平均成铃 7.8 个。铃大、卵圆形,多 5 室,铃重 6.8 克,衣分 41.8%~43.8%,籽指10.4 克,衣指 9.7 克,耐旱、耐贫瘠性强,纤维色泽洁白。

产量表现 通过两年新杂棉 1 号 F_2 代的生产示范和区域试验,在中高产田每公顷皮棉产量为 2 860 千克,籽棉产量为 7 050千克,比对照中棉所 35 增产 21% 和 9.9%,增产极显著。生产示范平均每公顷产籽棉 7 880 千克、皮棉 3 088 千克,分别比对照增产 25% 和 1%。在中低产田每公顷产籽棉 5 700 千克、皮棉 2 160千克,分别比对照增产 39.7% 和 40%。

抗病性 2005 年经新疆维吾尔自治区区试接枯萎病病菌和黄萎病病菌鉴定:平均枯萎病指为 7.8,黄萎病指为 28.5,列为抗枯萎病、耐黄萎病类型。

纤维品质　经农业部棉花品质监督检验测试中心测定:纤维上半部平均长度 30.8 毫米,比强度 30.5 cN·tex^{-1},麦克隆值 4.10,伸长度 7.0%,反射率 77.5%,黄度 7.5,纺纱均匀性指数 147.2。

栽培技术要点　新疆维吾尔自治区南疆地区一般在 4 月 10～30 日播种,每公顷收获株数为 13.5 万～15 万株,于 1 叶 1 心期定苗。6 月下旬浇头水,全生育期灌水 4 次左右,8 月 20 日前停水。单株果枝 9～11 条,7 月 5～10 日前打顶。灌水原则:没有旱情不浇水,不可过量。严格化学调控,全生育期化学调控 3～4 次,3～4 片叶第一次化学调控,每公顷使用 6～7 克缩节胺,以后根据田间长势,每 7～8 天化学调控一次。控制节间在 4 厘米以内,株高在 65～75 厘米。科学配方施肥,花铃肥增施钾肥以防倒伏。采用农业综合防治与化学防治进行田间病虫害预防和防治。

适宜种植区域　适宜在新疆南疆地区和东疆地区种植。

(十五)新陆中 30

新陆中 30 是新乡市锦科棉花研究所从石 91-19×锦科 19 的后代中选育而成,2003—2005 年参加新疆维吾尔自治区早中熟棉花品种区域试验和生产试验,2006 年经新疆维吾尔自治区农作物品种审定委员会审定并命名(新审棉 2006 年 58 号),2006 年申请农业部植物新品种权保护(品种权公告号为:CNA003314E)。

特征特性　新陆中 30 生育期 135 天,出苗好,全生育期长势强健,植株中等偏大,株型较紧凑;叶片中等偏大,叶色中,叶功能较好;茎叶多茸毛,茎秆粗壮,韧性中等;结铃性强,上桃快,吐絮畅而集中,铃长卵圆形、较大;田间通透性好,早熟不早衰。衣分 45%,籽指 11.1 克,铃重 6.1 克,霜前花率 90%。耐瘠薄,耐干旱,耐盐碱,易管理。

产量表现 在 2003—2004 年新疆维吾尔自治区早中熟组棉花品种区域试验中,平均每公顷籽棉产量 5 154.45 千克,比对照中棉所 35 增产 10.5%;皮棉产量 2 166.3 千克,比对照增产 10.85%;霜前皮棉产量 1 685.85 千克,比对照增产 0.32%。

2005 年在南疆早中熟棉生产试验中,每公顷籽棉产量为 4 665.8 千克,比对照中棉所 35 增产 0.07%;皮棉产量为 2 099.7 千克,比对照增产 7.2%;霜前皮棉产量为 1 947.9 千克,比对照增产 4.6%。

抗病性 2005 年由新疆维吾尔自治区种子管理站取样,送新疆维吾尔自治区植保站进行抗病性鉴定,枯萎病指数为 0,黄萎病指数 19.8,属高抗枯萎病、抗黄萎病品种。

纤维品质 农业部棉花品质监督检验中心测定:上半部平均长度 31.35 毫米,整齐度 83.9%,比强度 28.1cN·tex^{-1},伸长率 6.5%,麦克隆值 4.5,光反射率 75.9%,黄度 7.9,纺纱均匀性指数 136.5。符合棉纺工业的用棉要求。

栽培技术要点 4 月上中旬播种,每公顷密度 15 万株左右。现蕾前适当进行轻控,每公顷用缩节胺 1.5~7.5 克,现蕾后酌情化学调控。基肥要多施磷、钾肥及有机肥,开花盛期多喷施硼肥与尿素。及时防治红蜘蛛、盲椿象。

适宜种植区域 该品种适宜在新疆维吾尔自治区南疆的宜棉区域种植。

第四章 棉花科学施肥技术

施肥是提高棉花产量的一项重要措施。据有关专家统计,在棉花各项增产措施中肥料所起的作用占到 30%～50%;肥料也是棉花生产中最大的物质投资,约占全部生产性支出的 50%。但是目前我国化肥的当季利用率还较低,氮肥为 30%～35%,磷肥为 10%～20%,钾肥为 35%～50%,其中氮肥的损失特别严重。造成化肥利用率和效应较低的原因很多,其中施用量及其配比不合理、施肥方法不当是造成肥效降低的主要原因。因此,棉花科学施肥是根据棉花需肥规律,土壤供肥性能与肥料效应,确定氮、磷、钾和微肥的适宜用量和比例,以及适宜的施用时期、方法等,其中确定经济合理施肥量是科学施肥中的核心问题。

一、棉花需肥规律

棉花从播种到成熟的整个生育期内,除出苗前的种子营养阶段和后期根部停止吸收养分的阶段以外,其他时期(苗期、蕾期、花铃期和吐絮期)都要通过根系从土壤中吸收养分。不同的生育时期,棉株吸收矿质营养元素的数量、比例不同,每种营养元素在棉株各器官中的含量和分配也不同;棉花一生吸收氮、磷、钾等矿质营养元素的数量和比例也因棉花的产量水平、施肥水平、品种的不同而存在差异。

(一)棉花不同生育时期吸收氮、磷、钾的动态

棉花从出苗到成熟,历经苗期、蕾期、花铃期和吐絮期 4 个时期,每个生育时期都有其生长中心。在初花期以前,以扩大营养体

为主,生根、长茎、增叶先后成为生长中心;初花期以后,营养器官的生长渐趋缓慢,以增蕾、开花、结铃为主,生长中心转向生殖器官。由于不同生育时期的生长中心不同,其养分的吸收、积累和分配特点也不同。

苗期是以生根、长茎、长叶,即增大营养体为主的时期。苗期根、茎、叶的生长速度,以根的生长速度最快,根是这一时期的生长中心。由于此时气温低,生长缓慢,棉苗株体小,需要养分的绝对量不多。据中国农业科学院棉花研究所李俊义、刘荣荣等研究,棉花从出苗至现蕾,吸收的氮素约占全生育期吸收总氮量的 4.5% 左右,磷素占 3.0%～3.4%,钾素占 3.7%～4.1%;此期棉株吸收氮、磷、钾的强度也是各生育期最低的。苗期需肥虽少,但对肥料缺乏却十分敏感,尤其是对磷的需求。此期如缺氮则抑制营养生长,延迟现蕾;棉花磷、钾的营养临界期均出现在 2～3 叶期,此时缺磷叶色暗绿发紫、植株矮小,缺钾则光合作用减弱、易感病。

棉花现蕾以后,进入营养生长和生殖生长并进的时期,但仍以营养生长为主。由于气温升高,生长加速,根系逐步扩大,吸收养分的能力由逐渐增强到显著增加,棉株吸收养分的数量和强度仅次于花铃期。此期棉株吸收的氮占全生育期吸收总氮量的 27.8%～30.4%,吸收的磷占总量的 25.3%～28.7%,吸收的钾占总量的 28.3%～31.6%;吸收氮、磷、钾的强度均明显高于苗期,接近花铃期。棉花氮营养临界期在现蕾初期,此时缺氮,棉株生长矮小,果枝短,蕾易脱落;氮素适宜,果枝伸展,现蕾多,为中后期增加铃数和铃重奠定了基础;氮素过多,易造成茎叶徒长,花蕾脱落,从而也严重影响棉花的产量和品质。

花铃期又可分为初花期和盛花期,初花期到盛花期是营养生长和生殖生长两旺的时期,是棉花一生生长最快的时期,体内碳、氮代谢都很旺盛,吸收的养分最多,吸收强度也最大。进入盛花期,棉株营养生长逐渐转慢,生殖生长开始占优势,营养物质的分配转为以供应棉铃生长为主。花铃期棉株对养分的吸收达到一生中的高峰,吸收氮量占全生育期吸收总氮量的 59.8%～62.4%,吸收的磷占总量的 64.4%～67.1%,吸收的钾占总量的 61.6%～63.2%。棉花氮、磷、钾营养的最大效率期均在盛花始铃期,此时期棉花对氮、磷、钾要求的绝对数量和相对数量都是最多的时期,所吸收的养分能发挥其生产的最大潜力。

棉花吐絮后,棉株生理活动和生长明显减弱,棉花叶片光合能力下降,根系活力也减退。但叶片和根系仍保持一定水平的生理功能,以保证棉株上部秋桃及伏桃的充实。这时棉株的生理代谢逐渐转化为以碳素代谢为中心。棉株对养分的吸收和需求减弱,养分吸收的数量和强度仅高于苗期,此期吸收积累的氮素占一生吸收积累总量的 2.7%～7.8%,吸收积累的磷占吸收积累总量的 1.1%～6.9%,吸收积累的钾占一生吸收积累总量的 1.2%～6.3%。

(二)棉花吸收氮、磷、钾的数量及比例

棉花吸收氮、磷、钾的数量是随着产量水平的提高而增加。据研究,黄河流域棉区每 667 米^2 产皮棉 62.7 千克,吸收纯氮 8.53 千克、五氧化二磷 3.0 千克、氧化钾 6.0 千克,其比例为 1∶0.35∶0.71;每 667 米^2 皮棉产量为 74.3 千克,吸收氮 10.2 千克、五氧化二磷 3.53 千克、氧化钾 7.47 千克,其比例为 1∶0.34∶0.73;而每 667 米^2 产皮棉 94.4 千克,吸收氮 12.2 千克、五氧化二磷 4.27 千克、氧化钾 10.4 千克,其比例为 1∶0.35∶0.85。棉花吸收钾的数量与氮、磷相比,随着产量的提高增加得更多。

长江流域棉区,每 667 米^2 产皮棉 93.1 千克,棉花一生吸收氮、磷、钾总量分别为 17.4、5.3、14.2 千克,其比例为 1∶0.31∶0.82。

新疆维吾尔自治区南疆棉区,每 667 米^2 产皮棉 95～100 千

克,吸收氮 12.33 千克、五氧化二磷 3.39 千克、氧化钾 11.78 千克,比例为 1∶0.27∶0.96;每 667 米² 产皮棉 145~150 千克,吸收氮 14.42 千克、五氧化二磷 3.67 千克、氧化钾 13.0 千克,比例为 1∶0.25∶0.90;每 667 米² 产皮棉 190~195 千克,吸收氮 17.65 千克、五氧化二磷 4.77 千克、氧化钾 17.19 千克,比例为 1∶0.27∶0.97。

二、肥料种类及其科学施用技术

现已确定棉花生长必需的营养元素有碳、氢、氧、氮、磷、钾、钙、镁、硫、铁、铜、硼、锌、锰、钼、氯共 16 种;根据棉花体内含量的多少或对这些元素的需要量分为两类,即大量元素碳、氢、氧、氮、磷、钾、钙、镁、硫和微量元素铁、铜、硼、锌、锰、钼、氯。其中碳元素主要来自空气中的二氧化碳,氢来自水和空气,氧来自二氧化碳和氧气,其他 13 种营养元素(通称为矿质元素)主要来自土壤,由棉花的根系吸收而进入棉花体内。氮、磷、钾是棉花需要量比较多的 3 种矿质营养元素,而土壤中可提供的有效态数量又比较少,通常需要通过施用氮、磷、钾肥料才能满足棉花生长的要求;我国部分棉田硼、锌含量不足,也需要通过施用硼、锌肥料加以补充;其他矿质营养元素一般棉田土壤含量水平可以满足需要,较少施用。因此,棉田施用肥料的种类一般为有机肥、氮肥、磷肥、钾肥及硼、锌等微量元素肥料。

(一)有机肥施用技术

有机肥主要指厩肥、人粪尿、家禽粪便、堆肥、农作物秸秆、土杂肥和饼肥等。棉田施用有机肥具有改良土壤、培肥地力、增加棉田养分含量、提高棉花产量和品质的作用。

有机肥属迟效性完全肥料,一般作基肥施用,结合深耕翻入土壤,或在棉花苗蕾期深施在棉株行间,以满足棉株对土壤深层养分的需求。

有机肥作基肥,如厩肥、堆肥或土杂肥,一般每 667 米^2 施 2～3 吨,对于肥力差的棉田,可增施至 4～5 吨。若以饼肥作基肥,一般每 667 米^2 施用量 75～100 千克。苗蕾期施用腐熟的厩肥、堆肥或土杂肥,每 667 米^2 用量 1 吨左右,或饼肥 50 千克左右。

(二)氮肥施用技术

1. 主要棉区氮肥适宜施用量　黄淮海棉区黄淮平原,每 667 米^2 产皮棉 100 千克以上,全生育期氮肥(纯氮,下同)适宜用量 15～18 千克,折合尿素 33～39 千克;华北平原,每 667 米^2 产皮棉 75～100 千克,全生育期氮肥适宜用量 13～15 千克,折合尿素 28～33 千克。

长江流域棉区上游亚区,每 667 米^2 产皮棉 100 千克左右,全生育期氮肥适宜用量 14～18 千克,折合尿素 30～39 千克;中游亚区,每 667 米^2 产皮棉 100～125 千克,全生育期氮肥适宜用量 22 千克左右,折合尿素 48 千克;下游亚区,每 667 米^2 产皮棉 100～125 千克,全生育期氮肥适宜用量 18～22 千克,折合尿素 39～48 千克。

新疆棉区每 667 米^2 产皮棉 150 千克左右,全生育期氮肥适宜用量 22 千克左右,折合尿素 48 千克。

2. 氮肥适宜施用时期及方法　氮肥在土壤中主要是通过氨的挥发、硝酸的流失和反硝化作用等途径而损失,为减少氮肥损失,提高其利用率,氮肥应在不同时期分次施用,且尽可能深施。棉花各生育阶段氮肥的施用原则是"足施基肥,轻施苗肥,稳施蕾肥,重施花铃肥,补施盖顶肥"。

(1)基肥的施用　不同棉区,氮肥基施量可占总量的 30%～60%,施后结合深耕翻入土壤。

(2)苗期追肥 瘠薄或基肥不足的棉田,这时应适当追施苗肥;黏土地、盐碱地棉苗发育迟缓,也需要施苗肥;对于两熟套种棉田,由于前作耗肥多,土壤板结,行间荫蔽,棉苗长势较弱,前茬作物收获后,棉苗有一个缓苗过程,棉苗恢复正常的生长发育,也需要施提苗肥。由于苗期棉苗株体小,一次施肥量不宜过多,以每667米²3~5千克尿素为宜;一般采用穴施或开沟条施,若天气干旱,应随后浇水。

(3)蕾期施肥 棉花蕾期,对于基肥施用量较多的棉田,蕾期应控制氮肥用量,少施或不施;但对基肥施用不足,蕾期棉苗较弱的棉田,应适当追施氮肥。

(4)花铃期施肥 花铃期是棉花需氮最多的时期,此时期的施氮肥量应占总氮量的30%~50%。施肥方法,应距棉株15厘米开沟条施,施后覆土,以防氮素挥发损失。

棉花生育后期,应根据棉花长势灵活掌握。若棉花有脱肥趋势,在8月上旬每667米²施尿素5千克;要避免施肥过多和过晚,造成贪青晚熟。可采用条施或穴施的方法,边施肥边盖土。

(三)磷肥施用技术

磷肥的当季利用率与氮肥和钾肥相比要低得多。据试验,棉花对磷肥的当季利用率仅为10%~20%,究其原因:一是磷的固定作用,二是磷在土壤中移动性很小。为了提高磷肥当季利用率,应掌握以下原则:

1. 根据土壤含磷水平合理施用磷肥 磷肥效果与土壤速效磷含量有密切关系。在土壤速效磷含量小于5毫克/千克的土壤上,磷肥效果显著;土壤速效磷在5~10毫克/千克,磷肥效果明显;土壤速效磷在10~15毫克/千克,施用磷肥有效;但当土壤速效磷大于15毫克/千克,磷肥效果不明显或无效。

2. 作基肥或在苗、蕾期追施 由于磷肥在土壤中转化慢,移动性小,主要作基肥施用,也可作前期追肥施用,但施用的时期以越早效果越好。因棉花磷素营养的临界期在2~3片真叶期,磷肥作基肥或在苗、蕾期追施可使棉花在生长初期有充分的磷素营养,以促进根系发育和新生器官形成。

3. 相对集中施用　磷肥相对集中施用,是合理施用磷肥的重要原则之一。所谓相对集中施用,是将磷肥与适量土壤混合后施在种子或幼苗的根系附近,这样既可以减少磷与土壤接触的面积,从而减少其固定作用;又可大大地促进磷肥与根系的接触。一般采用条施或穴施的方法。当然,对于长期施用磷肥的棉田,由于土壤中残留磷素的后效,所谓集中施用与撒施也就不存在什么区别了。

4. 氮磷配合施用　我国土壤的养分状况,基本上是缺磷的土壤往往也缺氮。在土壤氮、磷都成为提高棉花产量的限制因子时,如果不施氮肥,虽施用足量磷肥,也与单施氮肥而不施磷肥一样,同样可以不表现增产效果。氮、磷配合的效果,不仅可以使作物稳产高产,同时还可以提高磷肥的利用率和氮肥的利用率。氮、磷配合的适宜比例,视土壤供磷水平而异,对严重缺磷的土壤,氮、磷比例应该偏高,有时可达1∶1,甚至更高;但随着磷肥施用年限的增加,由于磷肥的后效,所以氮、磷比例可以逐步降低。对中等肥力水平的土壤,氮、磷比可在1∶0.5左右。

5. 与有机肥混合施用　此法是将磷肥先与腐熟的有机肥充分混合,然后施用。这样可以减少土壤对磷的固定作用,所以在固磷能力较大的土壤上磷肥与有机肥配合施用的效果更好。

(四)钾肥施用技术

1. 根据棉田土壤速效钾含量合理施用钾肥　土壤速效钾含量不同,棉田施用钾肥的效果也不一样。土壤速效钾含量越低,施钾肥的效果越好。一般土壤钾素供应能力按速效钾含量分为5

级：凡速效钾含量在 50 毫克/千克以下者为供钾能力极低，棉田施用钾肥效果极显著；速效钾含量在 50～80 毫克/千克为供钾能力低，棉田施用钾肥效果显著；速效钾含量在 80～120 毫克/千克为供钾能力中等，棉田施用钾肥有效果；速效钾含量在 120～150 毫克/千克为供钾能力高，棉田施用钾肥效果不明显；速效钾含量超过 150 毫克/千克为供钾能力极高，棉田施用钾肥一般无效果。

2. 钾肥的适宜用量　钾肥的施用量应根据土壤钾含量的高低来确定。土壤速效钾含量低时，钾肥用量可以大一些；土壤含钾量较高时，钾肥用量可小些。在大面积生产中确定钾肥施用量，除根据土壤供钾能力外，还要考虑其他因素，如有机肥的用量，棉花生产水平等。一般而言，每 667 米^2 严重缺钾土壤施用氧化钾 10～15 千克，缺钾土壤施用氧化钾 5～10 千克，轻度缺钾土壤施用氧化钾 5 千克。

3. 钾肥的适宜施用时期　在钾肥的施用时期上，多数试验结果证明棉田以基施或早期追施效果最好。棉田大面积施用钾肥时，必须掌握好前期施用这一关键，并根据钾肥用量和土壤质地等，确定施钾次数和施钾时间。一般钾肥用量较大，土壤质地较轻者，宜分为基肥和苗期或蕾期追肥两次施用；钾肥用量较少，土壤保肥能力又比较强的，宜作基肥一次施用。

4. 钾肥施用方法　钾肥用作基肥可地表撒施后用犁翻压入土；也可采用条施，依棉花的行距开小沟，将钾肥施于沟底或一侧。作追肥时，可采取条施或穴施，即距棉株一定距离（视棉苗大小而定，既不伤苗又要便于根系吸收），开沟或挖穴，将钾肥施于沟或穴中，然后覆土。

（五）硼肥施用技术

1. 土壤有效硼含量诊断　土壤有效硼含量低于 0.2 毫克/千克，棉花严重缺硼，施用硼肥可以大幅度增产；土壤有效硼含量为

0.2～0.5 毫克/千克，棉田中度缺硼，施用硼肥有显著的增产效果；土壤有效硼含量为 0.5～0.8 毫克/千克，棉田轻度缺硼，追施硼肥有显著的增产效果；土壤有效硼含量超过 0.8 毫克/千克，棉田施用硼肥增产效果不稳定。

2. 施用技术　严重缺硼土壤，在播种时条施增产效果最好；在中度缺硼时，以硼肥作土壤追肥加叶面喷施 1 次，或叶面喷施 3 次为好；轻度缺硼棉田，蕾期、初花期和花铃期叶片各喷施 1 次。其具体施用方法如下：

(1) 条施　每 667 米² 用硼砂 1.0 千克左右，拌细干土 10～15 千克，在播种时条施于种子的一侧，然后盖土。

(2) 土壤追施加叶面喷施　每 667 米² 用硼砂 0.5 千克左右，拌细土 10～15 千克，或溶于 50 升水中，在棉花苗期，于离棉苗 6～9 厘米处开沟（穴）施下，施后随即盖土。在花铃期喷施 0.2% 硼砂水溶液一次。

(3) 叶面喷施　人工常规喷雾器喷施 0.2% 的硼砂水溶液，在棉花的蕾期、初花期和花铃期喷施。一般每 667 米² 用液量，蕾期 30～40 升、初花期 40～50 升、花铃期 50～60 升。

(六) 锌肥施用技术

1. 土壤有效锌含量诊断　土壤有效锌含量低于 0.5 毫克/千克，棉田严重缺锌，施用锌肥增产效果显著；土壤有效锌含量 0.5～1.0 毫克/千克，棉田中度缺锌，施用锌肥有较显著的增产效果；土壤有效锌含量超过 1.0 毫克/千克，棉田施用锌肥的增产效果不明显。

2. 施用技术　在严重缺锌土壤上，在播种时条施增产效果最好；在中度缺锌时，以锌肥作土壤追肥加叶面喷施 1 次，或叶面喷施 3 次为好。其具体施用方法如下：

(1) 条施　每 667 米² 用硫酸锌 1.0～1.5 千克，拌细干土 10～

15 千克,在播种时条施于种子的一侧,然后盖土。

(2)土壤追施加叶面喷施 每 667 米² 用硫酸锌 0.5～0.75 千克,拌细土 10～15 千克,或溶于 50 升水中,在棉花苗期,于离棉苗 6～9 厘米处开沟(穴)施下,施后随即盖土。在花铃期喷施 0.2%硫酸锌水溶液一次。

(3)叶面喷施 人工常规喷雾器喷施用 0.2%的硫酸锌溶液,在棉花的蕾期、初花期和花铃期喷施。一般每 667 米² 用液量,蕾期为 30～40 升、初花期为 40～50 升、花铃期为 50～60 升。

三、我国主要棉区棉花科学施肥技术

(一)黄淮平原棉花科学施肥技术

黄河流域棉区黄淮平原,棉田以麦棉两熟种植制度为主,大多采用育苗移栽或移栽地膜覆盖栽培方式。每 667 米² 产皮棉 100 千克以上,全生育期氮肥适宜用量 15～18 千克/667 米²,折合尿素 33～39 千克;磷肥(五氧化二磷)用量 8 千克/667 米² 左右,折合过磷酸钙(含五氧化二磷 15%)53 千克;一般棉田施用钾(氧化钾)7.5 千克/667 米² 左右,折合硫酸钾 15 千克。严重缺硼、锌的棉田,在播种前基施硼砂 1 千克/667 米²、硫酸锌 1～2 千克/667 米²;中度和轻度缺硼、锌的棉田分别在蕾期、初花期和花铃期叶面喷施硼砂和硫酸锌溶液。

1. 苗床施肥 移栽每 667 米² 大田需苗床面积 26～30 米²,每个苗床冬前施入优质农家肥 100～150 千克,腐熟人畜粪尿水 100～150 千克,浅翻混匀。3 月底开始制钵前,每苗床施过磷酸钙 1～2 千克,硫酸铵 1～2 千克,与肥土充分混匀后制钵。

2. 基肥 一般每 667 米² 施优质农家肥 2 000～3 000 千克(或腐熟饼肥 50 千克);氮肥施用总氮肥用量的 40%左右,即尿素

13～16千克;磷肥全部基施,即过磷酸钙53千克;钾肥全部基施(硫酸钾15千克)或基施、蕾期追施各半(每次施硫酸钾7.5千克)。施肥时间在移栽前7～8天结合整地施入。

3. 蕾期施肥 基施一半钾肥的棉田,可在蕾期将剩下的一半钾肥(硫酸钾7.5千克)在棉行一侧开沟施入或在株间穴施,施后覆土。

喷施微肥:中度或轻度缺硼、锌的棉田,在棉花现蕾期喷施0.2%的硼砂水溶液和0.1%～0.2%的硫酸锌溶液,每667米^{2}用液量30～40升。

4. 花铃期施肥 第一次花铃肥在初花期施用,每667米^{2}用尿素13～16千克。移栽地膜棉在6月底至7月初揭膜后结合中耕在小行中间开沟施用;露地移栽棉7月上旬在初花期至开花期间施用。

第二次花铃肥在7月下旬每667米^{2}穴施或沟施尿素7～8千克。

缺硼、锌的棉田,在初花期和盛花期各喷施0.2%的硼砂溶液和0.1%～0.2%的硫酸锌溶液一次,用液量分别为40～50升和50～60升。

5. 后期根外追肥 花铃后期,对有早衰现象的棉花,叶面喷施1.0%尿素溶液;对长势偏旺的棉花,可喷施0.3%～0.5%磷酸二氢钾溶液,每次用液量50～75升。根外追肥一般在8月中旬开始,至9月上旬结束,根据棉花长势喷2～3次。

(二)华北平原棉花科学施肥技术

黄河流域棉区华北平原,棉田多采用露地直播或地膜覆盖直播栽培方式。中等地力,每667米^{2}产皮棉75～100千克,全生育期氮肥(纯氮)适宜用量13～15千克/667米^2,折合尿素为28～33千克;磷肥(五氧化二磷)6～8千克/667米^2,折合过磷酸钙40～

53 千克；一般棉田需施用钾肥（氧化钾）5～7 千克/667 米²，折合硫酸钾为 10～14 千克。严重缺硼、锌的棉田，在播种前基施硼砂 1 千克/667 米²、硫酸锌 1～2 千克/667 米²；中度和轻度缺硼、锌的棉田，分别在蕾期、初花期和花铃期叶面喷施硼砂和硫酸锌溶液。

1. 基肥　在棉田犁地前每 667 米² 施用优质农家肥 2 000～3 000 千克或腐熟饼肥 50 千克左右；氮肥施用占总量的 40%，即尿素 11～13 千克；磷肥全部基施，即过磷酸钙 40～53 千克；钾肥全部基施（硫酸钾 10～14 千克）或基施和蕾期追施各半（每次施硫酸钾 5～7 千克）；对于严重缺硼和锌的棉田，基施硼砂 1 千克，硫酸锌 1～2 千克。

2. 蕾期施肥　基施一半钾肥的棉田，可在蕾期将剩下的一半钾肥（硫酸钾 5～7 千克）在棉行一侧开沟施入或在株间穴施；对于棉苗长势较弱的麦棉两熟棉田，在小麦收获后每 667 米² 追施少量氮肥，以促进棉苗的正常生长。

中度或轻度缺硼、锌的棉田，在棉花现蕾期喷施 0.2% 的硼砂水溶液和 0.1%～0.2% 的硫酸锌水溶液，每 667 米² 用液量 30～40 升。

3. 花铃期施肥　初花期追施氮肥，其数量应占总氮量的 40% 左右，即每 667 米² 施用尿素 11～13 千克；盛花期追施总氮量的 20%，即尿素 6～7 千克。

缺硼、锌的棉田，在棉花初花期和盛花期各喷施 0.2% 的硼砂溶液和 0.1%～0.2% 的硫酸锌溶液 1 次，用液量分别为 40～50 升和 50～60 升。

4. 花铃后期施肥　在花铃后期对有早衰现象的棉花，叶面喷施 1.0% 尿素溶液，对长势偏旺的棉花，可喷施 0.3%～0.5% 磷酸二氢钾溶液，每次用液量 50 升。根外追肥一般在 8 月中旬开始，至 9 月初结束，根据棉花长势连续喷施 2～3 次。

（三）长江上游棉区棉花科学施肥技术

长江上游棉区每 667 米² 产皮棉 100 千克以上,全生育期棉花氮肥(纯氮)适宜用量 14～18 千克/667 米²,折合尿素 30～40 千克;磷(五氧化二磷)7～9 千克/667 米²,折合过磷酸钙 47～60 千克;钾(氧化钾)10 千克/667 米² 左右,折合氯化钾 17 千克。

1. 苗床施肥　移栽每 667 米² 大田需苗床面积 26～30 米²,每个苗床冬前施入土杂肥 100～150 千克、人粪尿 100～150 千克、腐熟饼肥 4～5 千克,并在冬前将土肥翻匀;制钵前再施含有氮、磷、钾及微量元素的苗床专用复合肥 4～5 千克,并与土壤充分混合。

2. 基肥　基肥每 667 米² 施用有机肥 2 000～3 000 千克,氮肥施用总量的 20%,磷、钾肥均施总量的 60%,即每 667 米² 施尿素 6～8 千克、过磷酸钙 28～36 千克、氯化钾 10 千克左右。施用方法是在预留棉行先行耕作,接着在行中开深沟,将肥土混匀,然后覆土平整。

3. 花铃期追肥　见花期施氮肥占总量的 30%,磷、钾肥占总量的 40%,即施尿素 9～12 千克、过磷酸钙 19～24 千克、氯化钾 7 千克左右。施用方法是先揭去地膜,在小行中或棉行两侧隔株开穴,深 16～20 厘米,先将化肥施入穴底,施后覆土。

在单株成铃 1 个左右时追施尿素 15～20 千克,开沟或穴施,随后覆土。

4. 根外追肥　从开花后 30 日起,每 10 日左右喷施一次叶面宝(5 毫升/667 米²),也可以用 1% 尿素和 0.3%～0.5% 磷酸二氢钾溶液,在整个花铃期喷施 2～3 次。

（四）长江中游棉区棉花科学施肥技术

长江中游棉区主要包括湖南、湖北和江西三个产棉省,目前大多种植杂交棉品种。每 667 米² 产皮棉 100～125 千克,全生育期需氮肥(纯氮)22 千克/667 米² 左右,折合尿素 48 千克;磷肥(五氧化二磷)10 千克/667 米² 左右,折合过磷酸钙 66 千克;钾(氧化钾)12 千克左右,折合氯化钾 20 千克。

1. 苗床施肥 每 667 米² 大田需苗床 26～30 米²。每床在冬前施入有机肥 100～150 千克,人粪尿 100～150 千克和腐熟饼肥 4～5 千克,随后翻土混匀。制钵前再施氮肥 1～2 千克、磷酸钙 1～2 千克、氯化钾 1 千克,将肥与土充分混合后制钵。

2. 基肥 中等地力棉田,每 667 米² 基施优质农家肥 2 000～3 000 千克或饼肥 75 千克;氮肥施用总量的 30%,即尿素 14 千克;磷肥全部基施,即过磷酸钙 66 千克;钾肥施用总量的 60%,即氯化钾 12 千克;硼肥 1.0 千克;锌肥 1～2 千克。

3. 蕾肥施用 蕾期一般不需施肥,但对于长势较弱棉田,每 667 米² 可追施 2～3 千克尿素。

4. 花铃肥施用 6 月底至 7 月初,在棉花初花期每 667 米² 施用尿素 20 千克左右,氯化钾 8 千克。8 月 10 日前后每 667 米² 施尿素 14 千克,以满足后期秋桃的需要,提高铃重,防止早衰。

5. 叶面施肥 8 月中旬视棉花长相,根外喷施 1.0%尿素液加 0.3%～0.5%磷酸二氢钾液 2～3 次。

(五)长江下游棉区棉花科学施肥技术

每 667 米² 产皮棉 100～125 千克,全生育期氮肥适宜用量 18～20 千克/667 米²,折合尿素 39～43 千克;磷肥用量 8～9 千克,折合过磷酸钙 53～60 千克;钾肥用量在 15 千克左右,折合氯化钾 25 千克。

1. 苗床施肥 每床在冬前施入有机肥 100～150 千克、人粪尿 100～150 千克和腐熟饼肥 4～5 千克,翻耕混匀。制钵前再施氮、磷、钾及含微量元素的棉花苗床专用复合肥 4～5 千克,将肥与土充分混合。

2. 基肥 一般每 667 米² 施有机肥 2 000～3 000 千克(或腐熟饼肥 25 千克),尿素 12～13 千克,过磷酸钙 40 千克左右,氯化钾 10～15 千克。施肥时间在移栽前 15～20 天,或在移栽前 7～8 天结合整地做畦施入。移栽地膜棉基肥在铺膜前施。

3. 蕾期喷施硼肥 缺硼棉田,在蕾期用 50 克左右硼砂加水 25～30 升叶面喷施。

4. 花铃肥施用 第一次花铃肥一般每 667 米² 施猪羊粪 750～1 000 千克或饼肥 30～40 千克,尿素 16 千克左右,过磷酸钙 13～20 千克,氯化钾 10～15 千克。移栽地膜棉在 6 月底至 7 月初揭膜后,初花期结合中耕在小行中间开沟施用第一次花铃肥;露地移栽棉 7 月上旬在初花期至开花期间施用第一次花铃肥。

喷施硼肥,缺硼棉田于开花期每 667 米² 用 100 克硼砂对水 50 升叶面喷施。

重施第二次花铃肥。移栽地膜棉,7 月 20～25 日每 667 米² 穴施或沟施尿素 12 千克左右;露地移栽棉 7 月下旬每 667 米² 穴施或沟施尿素 10 千克左右。缺硼棉田 7 月下旬用 100 克硼砂对水 50 升叶面喷施。8 月上旬每 667 米² 追施尿素 12 千克左右,时间一般在 8 月 10 日前结束。

5. 根外追肥 8 月中旬后叶面喷施 0.5%～1.0%尿素(生长偏旺棉田加 0.3%～0.5%磷酸二氢钾),每隔 7～10 天喷一次,连续喷 3～4 次。

(六)西北内陆棉区棉花科学施肥技术

新疆棉区每 667 米² 产皮棉 150 千克以上,全生育期氮肥适宜用量在 22 千克/667 米² 左右,折合尿素 48 千克;磷肥 9.0～12 千克/667 米²,折合三料磷肥或磷酸二铵 20～25 千克,钾肥 5 千克/667 米²,折合硫酸钾 10 千克。

1. 施足基肥　每 667 米² 基施尿素 20～25 千克,三料磷肥或磷酸二铵 20～25 千克,硫酸钾 10 千克;或施用与上述肥料等养分量的棉花专用肥。基肥可于犁地前均匀撒施或在犁地的同时用施肥机施用,机械深翻入土。

2. 苗期根外施肥　为促进壮苗早发,可在定苗后每 667 米² 用磷酸二氢钾 100～120 克和尿素 100 克、对水 30 升叶面喷施,每次间隔 7～10 天喷 1 次,连喷 2～3 次。

3. 蕾期、花铃期追肥　地面灌溉棉田第一水前结合开沟培土第一次追肥,追施尿素 10～15 千克/667 米²。施肥应距苗行 10～12 厘米,施肥深度为 10～15 厘米。初花期灌水前人工撒施尿素 6～8 千克/667 米²,防止棉花后期脱肥早衰。膜下滴灌棉田:蕾期随水滴肥 1～2 次,用尿素 2～3 千克/667 米²＋磷酸二氢钾 1 千克/667 米²。7 月份随水滴肥 4 次,每次滴施尿素 4 千克＋磷酸二氢钾 2 千克;8 月份随水滴肥 3 次,每次滴施尿素 3 千克＋磷酸二氢钾 1 千克。

4. 后期根外施肥　为补充根系对养分的吸收,防止棉株早衰,减少蕾铃脱落,增加铃重,一般棉田从盛花期(7 月 15 日前后)起,每 667 米² 用 100～150 克磷酸二氢钾＋150～200 克尿素,对水 30～40 升叶面喷施,7～10 天一次,连喷 2～3 次。旺长棉田后期应减少或不喷施尿素;缺氮有早衰迹象的棉田,可适当增加尿素用量。

第五章 棉花全程化学调控技术

棉花具有无限生长习性,生育期长,营养生长与生殖生长重叠的时间也长;果枝上蕾和叶片同节位,具有库源同节同步生长的特点。加之棉花生长发育期间气候条件变化大,因此协调棉花个体与群体发育及营养生长与生殖生长关系的难度较大。管理不当或受气候条件的影响,往往会导致棉株个体发育过大或营养生长与生殖生长失调,造成田间荫蔽,通风透光不良,蕾铃脱落严重,棉花晚熟,产量和品质下降。所以,在确定合理的密度及采用科学的肥水管理的基础上,通过化学调控不断协调棉花个体与群体、营养生长和生殖生长的合理发展,塑造理想株型及合理的群体结构,促进群体总铃数的增加及铃重、衣分和纤维品质的提高,是实现棉花高产、优质栽培的一项重要技术措施。

由于棉花的无限生长习性,同时株型本身有松散、紧凑之分,也有塔形、筒形和倒三角形等,说明棉株的大小和形状,可以通过改变生长条件进行调控,这就是棉花株型的可控性。在一定自然条件下,棉株所有的蕾铃不可能全部成铃,必然有部分蕾铃脱落,脱落的时空分布,受气候条件和棉花生育状况决定,因此出现了棉花成铃空间分布的多样性;但是,一个部位的蕾铃脱落,可促使另一部位多结铃,这就是棉花成铃的补偿效应。说明棉花的株型及成铃分布具有通过水、肥及生长调节剂进行合理调控的可行性。

一、植物生长调节剂的种类

植物生长调节物质是一些可调节植物生长发育的微量有机物质,包括植物激素和植物生长调节剂两类。植物激素是指在植物体内合成的,通常从合成部位运往作用部位,对植物的生长发育产生显著调节作用的微量生理活性物质。目前被公认的植物激素有五大类:包括生长素类(IAA)、赤霉素(GA)类、细胞分裂素(CTK)类、脱落酸(ABA)和乙烯(Eth)类。这些植物激素在植物体内产生的数量极其微小,但对植物的器官和生理过程都有强烈的影响,从而调节控制植物的生长和发育。植物生长调节剂是人工合成的具有类似激素活性的化合物,包括生长促进剂、生长抑制剂、生长延缓剂、乙烯释放剂和脱叶剂等。

(一)生长促进剂

为人工合成的类似生长素、赤霉素、细胞分裂素类物质。能促进细胞分裂、分化和伸长,也可以促进植物营养器官的生长和生殖器官的发育,防止蕾铃脱落。如生长素类吲哚丙酸(IPA)、吲哚丁酸(IBA)、萘乙酸(NAA)、2,4-二氯苯氧乙酸(2,4-D,低浓度)、2,4,5-三氯苯氧乙酸(2,4,5-T)、4-碘苯氧乙酸(增产灵)、赤霉素(GA)、细胞分裂素类激动素(KT)、6-苄氨基嘌呤(6-BA)等。

(二)生长延缓剂

为抑制茎顶端下部区域的细胞分裂和伸长,使生长速率减慢的化合物。导致植物体节间缩短,诱导矮化、促进开花,但对叶片大小、叶片数目、节的数目和顶端优势相对没有影响。生长延缓剂主要起阻止赤霉素生物合成的作用。这些物质包括:矮壮素(CCC)、丁酰肼(比久)、多效唑、缩节胺(DPC)等。

(三)生长抑制剂

与生长延缓剂不同,主要抑制顶端分生组织中的细胞分裂,造成顶端优势丧失,使侧枝增加,叶片缩小。它不能被赤霉素所逆转。这类物质有:三碘苯甲酸(TIBA)、9-羟基芴-(9)-羧酸甲酯(整形素)、青鲜素(马来酰肼)等。

(四)乙烯释放剂

人工合成的释放乙烯的化合物,可促进棉铃成熟。乙烯利是其中最为广泛应用的一种。

(五)脱 叶 剂

目前在我国新疆棉区使用的脱叶剂品种主要有脱落宝、哈威达、真功夫、氯酸镁等。

二、棉花生产上常用的植物
生长调节剂及其作用

我国棉花应用化学调控技术可以追溯到20世纪50年代,当时主要应用外源生长素和赤霉素进行控制蕾铃脱落的研究,但并未在生产上大面积推广应用。20世纪60年代中期开始,应用矮壮素(CCC)以控制棉花徒长,但由于棉花对矮壮素的敏感性强,安全性较差,限制了其大面积推广应用,自20世纪80年代以来逐步被缩节胺所取代。此外,乙烯利用于部分晚熟棉田,可加速棉铃成熟;近几年,新疆棉区采用机械采收的棉田配合使用乙烯利和脱叶剂进行催熟和脱叶,以便于机械采收。

(一)缩 节 胺

缩节胺英文缩写名DPC,国际商品名为Pix,化学名为1,1-二甲基哌啶鎓氯化物。在棉花上使用能引起植株的形态和生理功能的变化,可以有效控制棉株的纵向和横向生长,使其节间缩短,主茎和果枝顶芽的生长减弱;诱导棉花幼苗侧根发生,增强棉花根系活力;叶片变小,叶绿素含量增加,光合能力加强,促使光合产物向生长势较强的生殖器官输送和分配；调节内源激素水平，在棉铃发育初期，细胞分裂素含量增加，促进棉铃发育后期乙烯的释放，使铃期缩短，加快棉铃成熟。通过缩节胺调控可优化棉田的冠层结构和群体内的生态条件，塑造理想株型，减轻棉田郁蔽，推迟封垄，改善群体内通风透光条件，简化中后期整枝工作，有利于提高群体的光合作用，加快中下部棉铃和内围铃的成熟，增加霜前花比例。

缩节胺比矮壮素的效果平稳、安全，因此自 20 世纪 80 年代以来，获得迅速推广，逐步取代了矮壮素成为棉花生产上一项必不可少的常规技术措施。市场上供应的缩节胺有两种剂型，一种是晶体粉剂，含量在 97％以上；另一种是 25％的水剂，通常称为助壮素。

缩节胺的使用时期、施用次数及用量应根据棉花品种、气候、密度、土壤水肥条件、棉株长势等灵活运用。一般情况下，品种生长势强、气温高、土壤肥力高、水肥充足、密度大、棉株长势强的棉田，可适当加大缩节胺的使用次数及用量；反之，则应减少缩节胺的使用次数和用量。同时，应掌握前轻后重、少量多次的使用原则。

黄河流域和长江流域棉区，在棉花整个生育期应根据长势使用 3～5 次缩节胺，总用量为 6～9 克/667 米²。一般棉田，苗期不用或轻用，初蕾期至盛蕾期缩节胺用量一般为 0.5～1.5 克/667 米²，初花期 2 克/667 米² 左右，盛花期 3 克/667 米² 左右，打顶后 7～10 天或在 8 月上旬化学封顶和控晚蕾，缩节胺用量 3～4 克/667 米²。

新疆棉区，棉花整个生育期根据棉花长势使用 3～5 次，总用量 12～15 克/667 米²。一般棉田，苗期 2 次，分别在 2～3 叶期和 5～6 叶期，缩节胺用量分别为 0.2～0.3 克/667 米² 和 0.5～0.8 克/667 米²；一水前（蕾期）用量 2 克/667 米² 左右，初花期用 3～4

克/667 米²,打顶后 7 天化学封顶和控晚蕾时缩节胺用量 6～8
克/667 米²。

(二)化学催熟剂和脱叶剂

1. 化学催熟剂乙烯利　由于乙烯在常温下呈气态,所以即使
在温室内,使用起来也十分不方便。为此,人们研制出了各种乙烯
发生剂,这些乙烯发生剂被植物吸收后,能在植物体内释放出乙
烯。其中乙烯利的生物活性较高,被应用得最广。乙烯利是一种
水溶性的强酸性液体,其化学名称为 2-氯乙基膦酸(CEPA),在
pH 值<4 的条件下稳定,当 pH 值>4 时,可以释放出乙烯,pH
值愈高,产生的乙烯愈多。乙烯利易被植物茎、叶或果实吸收。由
于植物细胞的 pH 值一般大于 5,所以乙烯利进入组织后可水解
释放出乙烯,对生长发育起调节作用。

(1)乙烯利的催熟脱叶作用　棉株喷洒乙烯利后,棉叶在乙烯
的作用下,一般经 3～4 天褪色变红,5 天后开始干枯脱叶,15～20
天脱叶逐渐停止。

在棉花生长后期,对晚熟的棉田,用适当浓度的乙烯利喷洒棉
株,能加速棉铃成熟,使吐絮集中,一般可使铃期缩短 8～15 天,并
减少烂铃,增加霜前花,增加产量。

乙烯利的效果与铃期的关系密切,铃期越长,效果越好。35
天以上的铃期,促进吐絮的效果好;15～30 天铃期的棉铃,因生长
素的生长作用占优势,乙烯利催熟的效果不明显。15 天以下的幼
铃对乙烯利敏感,喷施后容易脱落。

温度对棉铃内释放乙烯有直接影响,棉铃释放乙烯与气温成
正相关。据试验,温度在 17℃～20℃时,经乙烯利处理的棉铃乙
烯释放浓度不到 1 毫克/千克;温度在 21℃～25℃,乙烯释放浓度
增加至 3 毫克/千克。而未用乙烯利处理的棉铃,在 19℃以下时,
测不出乙烯;温度在 21℃～25℃时,乙烯释放浓度也仅为 0.1 毫

克/千克。这说明了棉铃释放乙烯与气温的关系及棉田使用乙烯利的效果。所以,应用乙烯利催熟,一般用药后须有几天的最高温度在 20℃以上才能起到化学催熟的效果。

(2)乙烯利对棉花产量与纤维品质的影响 乙烯利催熟通常增加有效铃数,但铃重和衣分的变化则与成铃部位和处理时间等关系密切。乙烯利对铃期已达 45 天以上棉铃的铃重稍有促进,但使铃期 45 天以下棉铃的铃重减轻;处理时铃期在 45 天以上棉铃的衣分略有增加,铃期 35 天的衣分略有下降。综合考虑了铃数和铃重的变化,如果乙烯利增加收获时的吐絮铃数,则可能提高总产量;如果它减轻未成熟棉铃的铃重,则可能降低产量;如果二者互相抵消,则皮棉产量可能不发生变化。棉田在适宜的时期使用乙烯利,产量均有所增加,增产幅度在 4.4%～13.4%。增产幅度与气温、棉株生育状况及栽培技术有密切关系。棉株旺长、晚熟和秋季低温,催熟效果较好,增产幅度大。

适期和适量乙烯利处理后棉花纤维长度无明显差异,成熟系数略有下降,强力略有增减,纤维细度普遍有所下降。但如果乙烯利应用过早,大部分棉铃的铃期普遍达不到 45 天以上时,棉铃的纤维尚在增厚,长度也未固定,这时乙烯利催熟对纤维品质有不利影响,纤维强力、成熟系数及断裂长度均下降较多。根据各地经验,乙烯利催熟适用于以下几种棉田:北方后期长势偏旺棉田,常因霜期早,不少棉铃不能及时成熟;南方秋桃较多的高产田,如不催熟,常得不到高产;两熟套种或两熟连作棉田,催熟可提早拔秆,一般可提早拔秆 7～10 天。新疆机采棉田,可将乙烯利与脱叶剂配合使用进行催熟和脱叶。

2. 化学脱叶剂 化学脱叶剂如脱落宝、哈威达、真功夫、氯酸镁等,它们分别通过不同的机制杀伤或杀死植物的绿色组织,同时刺激乙烯的产生,从而使叶片衰老脱落。

三、棉花全程化学调控技术

所谓棉花全程化学调控技术,一是在棉花生长发育的不同阶段,根据气候、土壤条件、种植制度、品种特性和群体结构要求,连续数次使用缩节胺等生长延缓剂进行定向调控诱导,塑造理想株型、调控群体冠层结构,以达到多结优质棉铃;二是应用乙烯利、脱叶剂催熟和脱叶,提高吐絮率,增加优质棉比例,并便于机械采收。

(一)种子处理

棉花播种前,用 100～150 毫克/升浓度的缩节胺溶液浸种(浸泡 8～12 小时)或用种子重量 0.03％～0.05％的缩节胺进行拌种,能促进种子萌发,提高种子发芽率;棉花出苗快,根系发达,棉苗生长稳健,达到苗齐、壮根壮苗的目的。

长江流域棉区也可在苗床播种盖土消毒后,用含有除草剂和生长延缓剂的"床草净"喷洒苗床,每块标准苗床(10 米×1.3 米)用 2～3 毫升对水 2～3 升,可起到除草壮苗的作用。

(二)苗期化学调控技术

黄河流域棉区直播棉田,由于苗期气温低、棉苗较弱,一般棉田可不使用缩节胺。但对于部分地膜覆盖棉田,由于棉苗发育快、长势强,播前未用缩节胺浸种或拌种的棉田,可在 2～3 叶期用缩节胺 0.5 克/667 米² 左右,对水 10 升叶面喷洒。

长江流域棉区和黄河流域黄淮棉区育苗苗床播种前,种子未用缩节胺浸种或拌种,也未用"床草净"处理苗床的,在棉苗子叶展平时用 30 克/千克缩节胺溶液喷洒棉苗,可达到控制旺苗的目的。

新疆棉区一般棉田在 2～3 叶期用缩节胺 0.2～0.3 克/667 米²,对水 5.0 升;5～6 片叶期,用缩节胺 0.5～0.8 克/667 米²,对水 10～15 升。

(三)蕾期化学调控技术

棉花进入蕾期,是棉花营养生长和生殖生长并进时期,但仍以营养生长为主,蕾期叶面喷施缩节胺,可以起到壮棵稳长的作用。

黄河流域棉区和长江流域棉区,初蕾期缩节胺用量为 0.5～1.0 克/667 米^2,对水 10～15 升;或在盛蕾期使用缩节胺 1.00～1.50 克/667 米^2,对水 15 升。

新疆棉区在 6 月中旬灌(滴)第一水前,用缩节胺 2～3 克/667 米^2,对水 20～30 升,主要控制中下部主茎节间和下部果枝伸长。

(四)花铃期化学调控技术

初花期使用缩节胺可以起到塑造合理株型,提高成铃强度,增强根系活力的作用;盛花期使用可起到增结伏桃和早秋桃,控制晚蕾,提高铃重,简化后期整枝的作用。

黄河流域棉区和长江流域棉区,初花期用缩节胺 2～3 克/667 米^2,对水 30 升左右;盛花期用缩节胺 3～4 克/667 米^2,对水 45 升左右。打顶后 7～10 天或 8 月上旬用缩节胺 3～5 克/667 米^2,对水 45 升,起到化学封顶和控无效花蕾的作用,以使棉株养分集中供应现有的铃,增加铃重。

新疆棉区一般在花铃期使用缩节胺 2 次,一次是在初花期用缩节胺 3～4 克/667 米^2,对水 45 升;另一次是在打顶后 7～10 天盛花期,用缩节胺 6～8 克/667 米^2,对水 60 升左右。

(五)收获期化学催熟与脱叶技术

1. 乙烯利催熟 对于晚发晚熟或后期长势较强晚秋桃比例较大的棉田可用乙烯利催熟。

(1)喷药时期 80％需要催熟棉铃的铃期应达到 40～45 天,

此时棉花纤维已基本成熟；日最高气温在 20℃ 以上保持数日（因为乙烯利被棉株吸收后，在 20℃ 以上的温度条件下才能释放乙烯）；距枯霜期（黄河流域棉区）或拔秆（长江流域棉区）15～20 天。一般年份，黄淮海棉区，宜在 10 月 5 日前后喷施；长江流域棉区，在 10 月 15～20 日喷施较适宜；南疆棉区一般在 9 月中旬喷施；北疆棉区一般在 8 月底至 9 月初进行。

(2)用药量　一般用含有效成分 40％ 的乙烯利 100～150 克/667 米^2，对水 50 升，配成浓度 2 000～3 000 毫克/升的溶液。在上述适宜用药范围内，温度高则适当降低用量；温度低则要加大用量；晚熟品种、生长势旺、秋桃多的棉田，可适当加大用量；反之，则可少一些。同时，应注意乙烯利使用量过大，虽然可加快促进棉铃成熟，但是会致使棉铃吐絮不畅，叶片脱落也往往过多、过快，影响棉花产量和品质。

2. 化学催熟脱叶　新疆维吾尔自治区采用机械采收棉田，需喷施乙烯利和脱叶剂进行催熟和脱叶。

(1)催熟脱叶时间　具体喷药时间应根据气温情况确定，要求喷药后日平均气温稳定在 18℃～20℃ 的天数为 7～10 天，最低温度 13℃～14℃，南疆吐絮率在 50％ 以上，北疆吐絮率 40％ 左右，上部铃铃期达到 40～45 天。

(2)催熟剂和脱叶剂品种及用量　脱落宝 40 毫升/667 米^2＋乙烯利 100 毫升/667 米^2，或哈威达 80 毫升/667 米^2＋乙烯利 100 毫升/667 米^2。每 667 米^2 飞机喷药用水量 6～7 升，机械喷药用水量 30 升，人工喷药用水量 30～50 升。

(3)机械采收时间　喷施催熟脱叶剂 15～20 天后，棉株脱叶率达到 90％ 以上，吐絮率达到 90％～95％ 时，可进行机械采收。

第六章 黄河流域棉区棉花节本 增效栽培技术

黄河流域棉区是我国最大的产棉区,常年植棉面积达 300 万公顷,总产皮棉 225 万吨,面积和总产量均占全国的 55%。国家十分重视黄河流域的棉花生产。全国已建成的 216 个优质棉基地县中,本棉区占总数的 51.4%,先后涌现出扶沟、巨野、曹县和射阳 4 个百万担产棉大县,常年棉花总产量在全国前 10 名中占据 5 个。

黄河流域棉区一熟棉田占 40%,两熟棉田占 60%。在两熟栽培中,套种春棉占 80%,套种短季棉占 20%。两熟栽培的前茬作物以小麦为主,前茬大麦、油菜或蚕豆在皖北、苏北地区也有一定面积。2006 年抽样结果表明,黄河流域一熟种植棉田占播种面积的 56.1%,呈现上升趋势;两熟种植棉田占播种面积的 43.6%,多熟种植占播种面积的 0.3%。近年来,随着优质、早熟棉花新品种的选育成功和育苗移栽技术的改进与完善,麦茬移栽短季棉正悄然兴起。

一、一熟棉田节本增效栽培技术

随着棉区经济形势的发展和农村劳动力的转移,棉花生产要求进一步提高效益、减轻劳动强度、简化田间管理,棉花栽培要走节本增效的路子。一熟种植与两熟种植相比棉花立苗易、管理简化、棉花产量高,因此黄河流域棉区的一熟棉田种植面积呈上升趋势。

(一)目标产量与产量构成

皮棉产量水平:90～100 千克/667 米^2,10 月 20 日收获皮棉 72 千克/667 米^2 以上,霜前花率 80％以上。

棉花产量构成:实收密度 3 000 株/667 米^2 左右,单株果枝 15～18 条,成铃 20～25 个,三桃比例 0.5～1∶6∶3～3.5,有效成铃平均铃重 4.5 克,衣分 39％～40％,总成铃 6.0 万～7.5 万个/667 米^2。

(二)节本增效栽培技术

1. 品种选择与合理密植 一熟棉田棉花与两熟种植相比,生长环境相对优越,土壤肥力水平较高,易出苗、易管理,可利用大株型品种建立大个体的高产、高效棉花群体。宜选用大株型品种,结合合理密植,利于棉田实现增产增效。

品种可选用转基因抗虫杂交棉中棉所 57、中棉所 46、豫杂 35 和转基因抗虫棉常规品种鲁棉研 28、冀棉 228 等。高肥力、发病轻、管理及时到位的棉田种植密度在 2 000～2 500 株/667 米^2;肥力中等、发病一般、管理水平中等的棉田种植密度在 3 000 株/667 米^2 左右;低肥力、老棉田发病重、管理差的棉田种植密度在 3 500～4 000 株/667 米^2。

2. 适时播种,培育壮苗 黄河流域一熟棉田可采用直播和育苗移栽两种方式,结合地膜覆盖促早栽培技术,以培育壮苗,实现壮苗早发。

直播时期一般在 4 月 20～25 日,如果进行地膜覆盖,播种时期可提前至 4 月 15 日前后。播种后一般 7～10 天即可齐苗,地膜覆盖棉田需破膜放苗,防止高温烧苗;齐苗后需及时疏苗,防止荒苗;棉苗出 2 片真叶时可根据计划密度定苗。

育苗移栽一般在 3 月底至 4 月初进行苗床育苗,移栽日期在

4月底至5月上旬,按计划密度开沟或打穴(洞)移栽。育苗方法可采用基质育苗移栽和营养钵育苗移栽两种方法,其操作要点如下:

(1)建床 为便于移栽,床址宜选在离移栽田较近的地方,利用基质育苗也可将苗床建在房前屋后。要求地势高亢、阳光充足、排灌方便。苗床的宽度以1.2米为宜,方便操作,床的长度一般为10～15米。以竹弓搭建拱棚,覆盖农膜以增温、防雨,保护育苗。

基质育苗苗床深度12厘米,床底铺农膜,农膜上铺混合均匀的育苗基质10厘米(育苗基质与干净的河沙按照1:1～1.2的体积比均匀混合)。

营养钵育苗苗床深度15厘米,用八成耕层熟土加两成腐熟农家肥(堆肥、厩肥),并加适当磷、钾肥,过筛,搅拌均匀,配好钵土,在制钵前要加适量水,以抓钵土平胸落地散开为准;选用直径7～8厘米、高10厘米的大钵,以利于培育壮苗;制钵时注意钵不宜太紧,否则会影响棉花根系生长,制好的钵要晒干晒透,建好床后排钵,要求排钵整齐,钵面要平,钵体之间要紧实。

(2)足墒播种 基质育苗和营养钵育苗均需足墒下种,保证一播全苗。基质育苗苗床播种前需浇足底墒水,以手握基质成团,落地能散为宜。营养钵育苗播种前需用小水或喷壶将营养钵浇透,以细棍能顺利插到钵底为宜。

(3)精选种子,保证一播全苗 播种前对种子进行挑选,去除瘪籽、破籽、发育不良种子等。基质育苗采用行播,在苗床上按10厘米行距画行开沟播种,播种粒距1.5厘米,成苗株距2.0厘米,播深3厘米,播后覆盖基质并镇压。营养钵采用穴播,一般一穴一粒,若种子质量较差,可一穴2～3粒。苗床播后至出苗期间保持温度在25℃～30℃,高温出苗。

(4)苗床管理 基质苗床和营养钵苗床水分管理均以控水为主,掌握"干长根"原则,一般苗床棉苗无缺水轻度萎蔫无须灌水。

基质苗床棉苗子叶平展时,每平方米苗床需灌促根剂稀释液(促根剂原液与清水 1∶100 倍稀释),以促进生根。苗床温度宜保持在 20℃～25℃,需通风降温,苗床可日揭夜盖,后期可日夜揭膜炼苗。基质苗床栽前需在叶面上喷施保叶剂稀释液(25 克保叶剂与清水按 1∶15 倍稀释),均匀喷洒在棉苗叶片和茎秆上。

(5)移栽与栽后管理 移栽棉苗苗龄 30 天左右,叶龄为真叶 2～3 片,苗高 15～20 厘米,壮苗移栽。基质苗需经过精细起苗、分苗与扎捆、促根剂浸根等步骤后开沟或打洞(穴)移栽,栽后浇足安家水;营养钵起苗后,采用打洞移栽,同样需浇足安家水。栽后均需查苗、扶苗和补墩、补缺苗。

3. 施足基肥 预留棉田于年前深翻冬凌,3 月下旬至 4 月上旬耕翻松土,去掉杂草,整地要求下实上松。要求做到"基肥足、地面平、墒情好、杂草净"。3 月下旬至 4 月上旬深施基肥,需施优质农家肥 3～5 吨/667 米² 或饼肥 50 千克/667 米²,尿素 10 千克/667 米²,磷酸二铵 25 千克/667 米²,氯化钾 8～10 千克/667 米²;或施用与上述化肥同养分数量的复合肥。缺硼棉田加施硼砂 1～1.5 千克/667 米²。

4. 适时播种与移栽 当耕作层 10 厘米地温稳定通过 15℃可进行播种,直播时期一般在 4 月 20～25 日,如果进行地膜覆盖,播种时期可提前至 4 月 15 日前后。

移栽日期一般在 4 月底至 5 月上旬,坚持"三看"移栽,即看天看地看苗移栽。大田土壤墒情适中要抢墒移栽,当棉苗真叶达 2 片以上可适龄移栽,做到"时到不等苗,苗到不等时"。移栽要求抢晴爽天打穴或开沟移栽,基质育苗移栽要求栽深达到 7 厘米,栽后覆土以到子叶节下部为宜;营养钵移栽穴深比钵体略高,钵体要栽紧栽稳栽平,栽后及时壅土封口,防止破膜,减少蒸发。

5. 中耕培土 一熟直播棉田和移栽棉田均需中耕培土。一般在棉花进入初花期至开花期的 6 月下旬进行中耕培土。地膜覆盖棉田此时需揭膜,揭膜后及时回收残膜,以减少田间污染。

6. 整枝、打顶与叶枝利用 黄河流域一熟棉田一般需整枝两次,整枝要及时、干净;打顶时间一般在 7 月 20～25 日,后劲不足、脱肥严重的棉田早打顶,反之则迟打顶;打顶掌握"凹顶早、冒顶迟、平顶小打正当时",一般在果枝 15～18 台时打顶,坚持做到"枝到不等时,时到不等枝",打顶后要及时化学调控。

高肥力、无病害、管理水平高,且种植棉花品种为杂交棉的田块可减少一次整枝,保留 2～3 条叶枝,利用叶枝实现省工节本高产高效。每株棉花一般留 2～3 条叶枝,当叶枝生长二级果枝 4～5 条时打顶。

7. 全程化学调控 本着"前轻后重,少量多次"的原则进行化学调控。苗期,主茎 5～6 片真叶时一般无须化学调控;蕾期,主茎 10～12 片,果枝 3～4 台,可轻控一次,一般用缩节胺 0.8 克/667 米^2,基质育苗移栽棉花此时无须化学调控;花期,缩节胺用量为 1.5 克/667 米^2;铃期,打顶 7～10 天后重控一次,缩节胺 4～5 克/667 米^2。

8. 重施花铃肥,养根保叶壮桃 施肥要求"三看":一看茎顶长势,生长点冒尖应早施多施,生长点下凹应迟施少施;二看茎秆红绿比,红茎超过 60% 应早施多施,低于 60% 应迟施晚施;三看生育进程,单株结铃 0.8～1.0 个时应早施多施,花蕾少的应迟施晚施。生长过旺棉苗以磷、钾肥为主,少施氮肥。花铃肥分两次施用,第一次于 7 月上旬结合中耕培土,耕沟深施花铃肥(尿素)20～25 千克/667 米^2。第二次于 7 月中下旬施桃肥,施尿素 10 千克/667 米^2。

9. 根外追肥 8 月初至 9 月上旬,用 1% 尿素、0.2% 磷酸二氢钾喷雾 3～4 次,以延长叶片的有效功能期,提高叶片光合作用效率。力争嫩过 8 月、健长 9 月,实现壮伏桃、争秋桃的目的。

10. 及时采收 棉花吐絮后及时采收,防止雨淋。

二、麦棉两熟棉田节本增效栽培技术

黄河流域棉区又是我国冬小麦主要产区。随着人口增长和经济发展,本棉区熟制改革取得了巨大进展,以周年麦棉两熟为主体的种植面积已发展到 200 万公顷,占本棉区棉田面积的 60%,小麦产量 200～300 千克/667 米^2,年增产小麦 40 万～60 万吨,棉花产量 50 千克/667 米^2,年产原棉 150 万吨。麦棉两熟种植有效地缓解了粮棉争地矛盾。

优化规范配置方式,合理利用耕地资源,提高周年全田产出,是熟制改革后实现麦棉两熟可持续生产的一项首要内容。黄河流域麦棉两熟配置方式经历了一个不断改革、不断发展的过程。由以粮为主的 6-2 式、5-2 式和 3-1 式等麦棉配置方式改进为以棉为主的规范 4-2 式或 3-2 式,棉花平均每 667 米^2 产量达到 83.3 千克,优质棉比例达到 80.1%,小麦平均产量达到 245.4 千克/667 米^2。在中等地力条件下,除 3-2 式小麦平均少产 33.4 千克/667 米^2 以外,6-2 式、3-1 式和 4-2 式的小麦产量不相上下,而 4-2 式和 3-2 式棉花增产 13%～20%,优质棉比例增加 15%～20%,周年全田增效 8.2%～16.9%。4-2 式或 3-2 式是本棉区麦棉两熟栽培的最佳配置方式。

中国农业科学院棉花研究所多年研究提出麦棉可持续生产的技术体系,制订了包括规范育苗移栽、地膜覆盖和移栽地膜棉;周年全田简化平衡施肥与肥水统一运筹;因苗制宜,适时适量化学调控;加强虫害预测预报,实行统防统治;棉茬小麦晚中求早,足墒足肥足量播种,一播全苗等内容在内的黄河流域棉区套种春棉栽培技术,主要内容如下:

（一）目标产量与产量构成

1. 皮棉产量水平 80～90 千克/667 米²,10 月 20 日收获皮棉 60 千克/667 米² 以上,霜前花率 80%。

2. 小麦产量水平 250～300 千克/667 米²。

3. 棉花产量构成 实收密度 4 000 株/667 米² 上下,单株果枝 13～14 条,成铃 16～18 个,三桃比例 0.5～1∶6∶3～3.5,有效成铃平均铃重 4 克,衣分 39%～40%,总铃数 6.4 万～7.2 万个/667 米²。

4. 小麦产量构成 在 10 月底足墒足肥播种的前提下,基本苗 20 万/667 米²,有效穗数 25 万～30 万/667 米²,每穗粒数 25～30 粒,千粒重 40 克以上。

（二）节本增效栽培技术

1. 种植方式与优良品种

(1)选择最佳配置方式 麦套春棉采用 4-2 式或 3-2 式高低垄种植。其标准是:带宽 150 厘米,种 4 行小麦占地 60 厘米,预留棉行 90 厘米;若种 3 行小麦占地 40 厘米,预留棉行 110 厘米。推行垄作,小麦播在垄下,棉花播在垄上。做垄高 15～20 厘米。

垄作的优点:做垄高 10～15 厘米即可降低小麦高度 10～15 厘米。与平作比较,增加共生期棉行太阳直达辐射和光照时间,有利于棉行获得较多的热量,提高地温;能避免平作灌溉不便,一水两用,节约用水。

垄作具体操作:整地后按每 150 厘米一带,壁犁来回两次冲沟,再人工扶平,4-2 式沟底宽不小于 50 厘米。播 4 行小麦,可选用河南鄢陵县农业机械厂生产的 4 行播种机,一幅小麦可一次作业完成。

行向的选择:麦棉套种行向十分重要。在黄淮海地区,南北行向种植共生期棉行几乎无直达太阳辐射,而东西行向种植预留棉行则有太阳直达辐射。因此,提倡东西行向种植。

宽窄行配置:4-2 式或 3-2 式配置方式,麦收之后,棉花呈宽窄行配置,平均行距 75 厘米,若棉花株距≤22 厘米,能保证单位面积足够的株数。同时,施肥、移栽、播种、覆盖等田间管理方便,地膜覆盖的增温保墒效应大。

(2)选用优良配套品种 麦棉两熟种植品种搭配应合理。在麦棉品种具有高产、优质、抗病特性的条件下,春套棉花品种选用适于晚播早熟、前发性强的品种,如中棉所 41、中棉所 44、中棉所 46、中棉所 47、中棉所 48 和鲁棉研 20 号等。配套小麦应选择能在 10 月底至 11 月上旬晚播,且播期弹性大;矮秆(株高不超过 80 厘米),株型紧凑,叶倾角小,旗叶和旗下二叶上举;早熟,6 月初收获的品种。这种类型的小麦品种有中育 8 号、豫麦 34、豫麦 49 和周麦 18 等,但小麦农艺性状还有待进一步改良。

2. 播前准备 备播期在 3 月上旬至 4 月上旬,主攻整地建床造墒备好种。黄河流域麦套春棉提倡育苗移栽加地膜覆盖和地膜覆盖直播的种植方式。育苗移栽方法可采用基质育苗和营养钵育苗两种方法(育苗技术同上)。

(1)备好棉种 播前应精选种子,要求发芽率 80% 以上,并进行种子处理。提倡选用合格的包衣种子或光籽。基质育苗移栽用种量为 0.5~1 千克/667 米²,营养钵育苗移栽用种量 1~1.5 千克,大田地膜覆盖直播用种量为 3~4 千克/667 米²。

(2)整地施肥造墒 播前 1 个月预留棉整地松土保墒。施优质农家肥 2~3 米³/667 米²,施尿素 15 千克/667 米²,过磷酸钙 50 千克/667 米²,硫酸钾 15 千克/667 米²,硼砂 1.0 千克/667 米² 和硫酸锌肥 2 千克/667 米²,施后深翻平地。

3. 播种 大田地膜覆盖直播,当预留棉行 5 厘米地温稳定通过 14℃即可开沟穴播。此时在 4 月中下旬。应于 4 月上旬浇底墒水。播种深 3.0～3.5 厘米,每穴下种 4～5 粒。边盖边播,地膜宽 0.8～0.9 米,一膜盖双行。覆盖度 50% 以上。

4. 苗期管理 5 月上旬至 6 月上旬,主攻全苗、壮苗早发。

(1)适时移栽 以 5 月上旬为移栽适期。此时正值小麦需水高峰期,因此栽前或栽后必须灌水,"浇麦洇花",一水两用。栽前冲沟,确保移栽密度把好株距是其关键。当平均行距 75 厘米时,移栽株距等于 22 厘米,每 667 米² 4 000 株;若株距大于 22 厘米,每 667 米² 密度则少于 4 000 株。如能采用移栽后结合地膜覆盖,更有利于增温促进棉苗早发。

(2)苗期管理 地膜覆盖直播棉花出苗后要及时打孔放苗,并用湿土堵孔,齐苗后应及时疏苗、补苗;第一次疏苗每穴留 2 株,待第二片真叶平展后定苗。

苗期管理重点:一是浇水,干旱年份一般浇 2～3 水,否则棉苗受旱,易形成老小苗,移栽后缓苗时间长,不返青,严重干旱时死苗常有发生,所以套种棉花共生期能否全苗壮苗早苗关键是水,以水调肥。移栽棉浇水后中耕对保墒提温效果显著。二是注意防治病虫害尤其是地老虎为害。三是麦收后尽快中耕灭茬,促进棉株快长稳长。

5. 蕾期管理 即 6 月中旬至 7 月上旬,主攻壮棵稳长

(1)以水调肥,肥水结合 蕾期看苗施肥、灌水。生长势弱、有干旱现象的棉田,可施尿素 5～10 千克/667 米²,结合灌水促进棉苗生长;反之,有旺长现象的棉田,则无须施肥和灌水。

(2)看苗调节 常年气候条件下,盛蕾期每 667 米² 用缩节胺原粉 0.8～1 克加水 20 升均匀喷洒。气候干旱和弱苗时可不用。

(3)及时整枝 现蕾后及时摘除全部叶枝。若缺苗可留叶枝予以补偿。

(4)防治虫害 移栽棉和地膜棉发育早,要早查虫早防治,提倡大面积诱杀成虫。按防治标准,重点防治 2 代棉铃虫,以保生长

点为原则。干旱年份尤须注意防治棉蚜和棉叶螨。

6. 花铃期管理 花铃期即 7 月至 8 月,主攻早坐铃、多坐铃、促早熟防早衰。

(1)施花铃肥 重施花铃肥,以速效氮肥为主。一般施尿素 20~25 千克/667 米²,1 次或分 2 次施用。通过重施花铃肥,协调棉株生长发育两旺。施用次数因土壤类型而异。沙性土保肥供肥能力弱,宜分 2 次施用;初花期施总量的 40%,盛花期(下部果枝坐 2 个成铃)施总量的 60%。保肥供肥能力强的其他各类棉田,初花之后一次性追施尿素 20~25 千克/667 米²。提倡深沟施用。施肥后若遇天气干旱应及时浇水,以水调肥。

(2)灌溉和排水 棉花进入花铃期耗水倍增,应及时灌溉。每 667 米² 灌水量 30~40 米³。雨水多时要及时疏通沟渠排水,特别是追肥后遇大暴雨,棉株发生萎蔫猝倒,应开沟排明水防暗渍,促进棉株恢复生长。

(3)看苗化学调控 初花期看苗使用缩节胺,使用浓度同盛蕾期。盛花期提倡普遍使用。打顶后上部果枝生出 2~3 个蕾时,用缩节胺 2.5~3 克/667 米²,加水 40~60 升/667 米² 均匀喷洒。若棉花生长旺盛,可再喷 1 次。

(4)适时打顶去边心 一般要求 7 月 20 日前后打完顶,要强调打"旺顶",做到小打轻打(只去 1 叶 1 心)。打顶后及时去赘芽,8 月上中旬依次去掉中下部和中上部果枝边心。

(5)培土 封行前中耕松土,结合施肥培土固根防倒伏。

(6)防治 3 代棉铃虫和伏蚜 3 代棉铃虫和伏蚜是棉花的主要害虫,对产量影响很大,应做好虫情测报,及时防治。

7. 吐絮期 即 8 月下旬至 9 月中旬,主攻目标是养根保叶,防贪青晚熟、增铃重、促早熟。

从 8 月下旬开始每隔一周根外喷施 0.2% 磷酸二氢钾加 2% 尿素溶液,连喷 3~4 次,防早衰,增铃重。及早摘收吐絮棉铃,提高纤维品质。重点防治 4 代棉铃虫，多雨年份注意防治造桥虫。

8. 棉茬小麦播种 棉茬小麦播种期一般在 10 月下旬至 11 月初，主攻足墒、足肥、足量下种，一播全苗。

(1)适时拔柴腾地 以 15℃气温终止日为适宜拔柴期。黄淮海地区大体在 10 月 15 日以后，淮北平原一般晚于华北平原，但不应迟于 10 月 25 日。由于农事繁忙，套种小麦要比适时麦（玉米茬口、大豆茬口）推迟播种 10～15 日，播种量应适当增加。立足抢播，晚中求早。

(2)浇足底墒水 黄淮海地区秋旱频率高，足墒才能保证出全苗。在播种期推迟条件下，应节省时间，争取季节，减少热量消耗，于拔柴之前 10～15 日浇水 50 米³/667 米²，然后拔柴施肥整地。

(3)施足基肥 施优质农家肥 3～4 米³/667 米²，尿素和过磷酸钙分别为 15 千克/667 米² 和 50 千克/667 米² 或等量养分的磷酸二铵，适量补充钾肥。

(4)精细整地和做垄 提倡深耕，多糖耙，达到土细。选择东西行向，按 150 厘米一带的播幅做垄，4-2 式垄底宽不小于 60 厘米，3-2 式不小于 50 厘米，垄高 10～15 厘米。人工扶垄整沟，小麦播在垄下。

(5)足量播种 迟播小麦以主茎成穗为主，以达到 23 万～25 万/667 米² 成穗为标准。以 10 月 20～25 日为适播期。用种量 8～12 千克/667 米²，若播期推迟、播种量相对增加，每晚播 5 日，播种量增加 10%。

(6)科学管理 迟播小麦苗弱，年前不浇封冻水，晚浇返青水，浇足灌浆水。早施追肥，于小麦返青后，肥水结合，施尿素 13～15 千克/667 米²。后期重点抓好药剂治理病虫害，防治干热风。待小麦蜡黄时收割。要快收快打。

三、短季棉节本增效栽培技术

短季棉是指生育期在 110 天左右的一类棉花品种。我国短季棉栽培可分为两种类型:一种是在北方特早熟棉区和北疆棉区,短季棉作为一熟春棉种植;二是在黄淮海棉区短季棉与小麦(油菜)套种(栽)。据研究,石家庄—德州一线和安阳—聊城—济南一线之间为麦套短季棉适宜种植区。此外,20 世纪 90 年代初,黄淮以南的苏北地区开始试验研究麦茬移栽大苗——小麦、短季棉连作种植方式。近年来,随着优质、早熟棉花新品种的选育成功和育苗移栽技术的改进与完善,麦茬移栽短季棉正悄然兴起。

(一)小麦套作短季棉栽培技术

1. 产量目标和产量构成　小麦产量 300～400 千克/667 米^2,棉花产量 55～65 千克/667 米^2,霜前花率 85% 以上。套种短季棉单株结铃 6～8 个,铃数 4 万～5 万个/667 米^2,单铃重 4.5 克左右,衣分 38% 以上。

2. 小麦套作短季棉栽培技术　小麦套作短季棉可采用预留棉行直播和育苗移栽两种种植方式。

(1)选用适宜的配置方式　黄淮海棉区小麦短季棉适宜的套种方式有 3-1 式、2-1 式和小 3-2 式 3 种。3-1 式即 3 行小麦播种 1 行棉花,带宽 0.8 米,小麦行距 0.2 米,预留棉行 0.4 米,小麦收后棉花呈 0.8 米等行距;2-1 式即 2 行小麦套种 1 行棉花,带宽 0.6 米,小麦行距 0.2 米,预留棉行 0.4 米,小麦收后棉花呈 0.6 米等行距;小 3-2 式即 3 行小麦 2 行棉花,带宽 1.2 米,小麦行距 0.2 米,预留棉行 0.8 米,麦收后棉花呈 0.8 米和 0.4 米的宽窄行。

(2)选用优良品种　棉花品种选用出苗好、抗病、耐旱抗逆性强,中期长势旺,现蕾开花集中,上桃快的品种,以充分利用有限的生长季节。如中棉所 50、中棉所 64 和中棉所 68 等。

　　小麦(油菜)品种的选择一是耐迟播。棉花拔秆一般在 10 月 20 日后,小麦(油菜)播种期要比正常播种晚 15～20 天,因此要求小麦(油菜)品种宜于 10 月底播种。二是早熟性好。小麦(油菜)收获早,可减少对棉花的不利影响。三是矮秆、叶片直立挺拔,与主茎夹角小。矮秆、叶片直立挺拔,与主茎夹角小的品种能有效地改善棉行通风透光。

　　(3)合理密植　　套种短季棉适宜的密度为 4 000～6 000 株/667 米^2。不同气候、土壤肥力条件下的密度不同。黄淮海平原南部地区、中等肥力地密度为 4 500 株/667 米^2,高肥水地为 4 000 株/667 米^2;黄淮海平原中部地区、中等肥力地密度以 5 000 株/667 米^2 为宜,高肥水地密度不少于 4 500 株/667 米^2,瘠薄地不少于 6 000 株/667 米^2;黄淮海平原北部地区密度不应少于 6 000 株/667 米^2。

　　(4)备播期管理

　　①备足棉种　　短季棉要适当加大播种量。发芽率 85％ 以上,条播用种量为 3.5～4.0 千克/667 米^2,点播用量为 2.0～2.5 千克/667 米^2;育苗移栽用种量 1.0～1.5 千克/667 米^2。

　　②整地造墒　　麦套短季棉播种必须达到足墒下种。造墒的方法有两种:一是在棉花播种前 5～7 天大水浇透浇匀,待水下渗地表松散即可播种;二是先播种后浇蒙头水,待出苗后及时破除板结。

　　(5)播种与苗期管理

　　①播种期　　套种短季棉播种时气温较高,水分蒸发快,必须做到随整地随开沟随播种,并及时覆土镇压。播种深度以 3～3.5 厘米为宜。麦套短季棉适宜播期为 5 月 15～25 日,北部地区早些,南部地区晚些。短季棉育苗移栽适宜播期为 4 月底至 5 月初。

　　②及时间苗、定苗　　播种后应及时查看苗情,发现缺苗应及时

补种;最好的办法是在播种时备好预留苗。麦收后及时移栽,其好处是避免大苗欺小苗。齐苗后应及时间苗,以棉苗互不搭叶为宜。定苗可在灭茬、浇水施肥后进行,以保证留苗密度。

③**苗期管理还要做到以下几点**　一是早浇水施肥,早灭茬。套栽短季棉小麦(油菜)收获后土壤板结,缺水缺肥,要早中耕灭茬,要早浇水。二是结合浇水施肥,施饼肥 30～50 千克/667 米^2,尿素 5～10 千克/667 米^2。三是早治虫。

(6)蕾期管理

①**肥水管理**　套种短季棉花铃肥应提前到盛蕾期施用。施用过晚易导致贪青晚熟。施尿素 10～15 千克/667 米^2。蕾期如果土壤含水量小于 60% 就需要灌水,灌水量为每 667 米^2 30～40米^3。

②**中耕培土**　苗期中耕 2～3 次,耕深 8 厘米左右,并结合中耕培土。

③**喷施缩节胺**　缩节胺应在盛蕾期开始施用,如果施用过早搭不起丰产架子。施用量 1～1.5 克/667 米^2。土壤肥力好、雨水多、长势旺的棉田适当多些,反之则应酌减。

(7)花铃期管理

①**肥水管理**　短季棉花铃期正值雨季,一般不需要浇水。如遇干旱年份要视具体情况进行补给。套种短季棉花铃期一般不施肥,以防止贪青晚熟。肥力不足地块,花铃后期可适当喷施盖顶肥,用 1%～2% 尿素溶液叶面喷洒,每 667 米^2 用量 50～60 升,隔7～10 天喷 1 次,共喷 2～3 次。

②**喷施缩节胺**　进入花铃期一般需化学调控 1～2 次,一次在打顶后 7～10 天,缩节胺用量为 4～5 克/667 米^2;视化学调控效果进行第二次化学调控。

③**适时打顶**　麦套短季棉一般在 7 月 25 日完成全部打顶。

(8)吐絮期管理

①长势调控 早衰棉田可适当使用叶面肥,用 1%～2%尿素加 0.2%磷酸二氢钾溶液叶面喷洒。贪青晚熟棉田要打去疯、赘芽和无效花蕾,去除老叶,推株并垄,以改善通风透光条件。

②乙烯利催熟 如果麦套短季棉在 9 月中旬未进入吐絮期,需要利用乙烯利进行催熟。一般在 10 月上旬用含有效成分 40%乙烯利催熟,用量 150～200 克/667 米^2。要求喷药均匀,保证棉铃着药。收花要坚持分收、分晒、分贮、分轧、分售。

(二)小麦、短季棉连作基质育苗移栽栽培技术

随着优质、高产短季棉品种的选育成功和育苗移栽技术的改进与完善,麦茬移栽短季棉——麦棉连作新型种植模式正在悄然兴起。麦棉连作无须预留棉行,小麦实现满幅播种,小麦产量较麦棉套作增加 100 千克/667 米^2;棉花采用育苗移栽技术,提前育苗,小麦收获后移栽到田间,不受套作配置方式的制约,可以实现60 厘米左右的等行距配置,株行距配置更加合理,利于棉花的高产,一般较套作棉花增产皮棉 25～35 千克/667 米^2。

1. 麦棉连作产量目标和产量构成 短季棉育苗麦茬移栽。小麦产量 400～500 千克/667 米^2;棉花产量 80～100 千克/667 米^2,霜前花率 80%以上。移栽短季棉适宜密度为 4 000～6 000株/667 米^2,单株果枝 10～12 条,单株结铃 10～15 个,成铃 6.0 万个/667 米^2。单铃重 4.5 克左右,衣分 38%以上。

2. 麦棉连作短季棉基质育苗移栽栽培技市 发展麦茬移栽棉麦连作新型种植模式是缓解粮棉争地矛盾,实现粮棉双高产,确保国家粮食安全,缓解棉花短缺的有效途径,符合国家粮棉双丰收目标,对提高我国棉花生产现代化水平和粮食安全具有重要意义。中国农业科学院棉花研究所在育苗移栽技术取得突破的基础上,结合配套早熟棉花品种,实现了麦茬移栽棉麦双高产,制订了麦茬

移栽棉花"一种、一苗、一水、一密、一肥、一调"的轻简化高产栽培技术。在管理上与麦套短季棉基本相同,需要重点强调内容如下:

(1)一种　"一种"指的是麦茬移栽棉花品种需选用早熟、高产转基因抗虫棉品种。一般选用生育期在110天左右的短季棉品种。如中棉所50、中棉所64和中棉所68等。

(2)一苗　"一苗"指的是采用基质育苗新技术培育的轻载体壮苗。轻载体移栽利于实现机械化移栽,具有省工、节本、劳动强度低、缓苗快、高产和高效的特点。其主要操作要点如下:

①育苗方法　采用基质穴盘育苗,以中棉所研制生产的专用育苗基质为育苗载体,将育苗基质装入定制穴盘内穴播育苗。

穴盘育苗使用育苗基质少,成本低,利于实现集中规模化育苗;棉苗生长环境独立,互不影响,起苗时对棉苗根系损伤少;穴盘苗基质用量少,高温情况下易出现干旱,这种干、湿交替的状况更利于炼苗。这种育苗方法可以实现少载体、轻载体移栽,在整地质量差、安家水浇灌不及时的地区同样适用。

②苗床管理　苗床管理重点掌握:高温出苗、适温和控水炼苗等重点,掌握"干长根"原则,后期主要控制浇水,遇降雨要及时覆盖。在30~40天育苗期内,棉苗叶龄为真叶2~3片,不超过3片。

③育苗操作流程

基质装盘→浇足底墒水→一穴一粒播种→盖种→搭建拱棚→出苗→炼苗

④移栽操作流程

苗床通风炼苗→整地→起苗→打洞或开沟移栽→浇安家水

移栽方式灵活,可开沟移栽或打洞移栽,也可提前套栽在麦田里;人工移栽可以不整地实行板茬移栽;机械化移栽需旋耕整地。移栽深度7厘米,每株浇安家水0.5升水。

(3)一水　"一水"指的是栽后及时灌水。少载体、轻载体移栽棉苗栽后须灌水。尤其是麦茬移栽棉,由于小麦收获后抢时移栽,往往来不及浇底墒水。因此,在麦茬移栽棉在移栽后须及时灌水,以滴灌或喷灌最好。

(4)一密 "一密"指的是麦茬移栽棉需合理密植。一般在黄河以北地区,麦茬移栽短季棉移栽密度在 5 000～6 000 株/667 米^2;黄河以南地区麦茬移栽短季棉密度在 4 000 株/667 米^2 左右。

(5)一肥 "一肥"指的是麦茬移栽棉的施肥技术。麦茬移栽棉需要重施基肥,一般在移栽整地前将肥料一次性基施,每 667 米^2 施三元复合肥 30～40 千克。基肥施用不足或未整地没有施用基肥的田块需追肥一次,追肥要早,一般在 6 月底至 7 月上旬完成,每 667 米^2 施三元复合肥 25～30 千克,配合施用尿素 10 千克/667 米^2。

(6)一调 "一调"指的是麦茬移栽棉的化学调控技术。麦茬移栽棉前期不需要化学调控,一般在打顶后 7～10 天重控一次,每 667 米^2 用缩节胺 5 克左右。如果种植密度较高,雨水充足,有旺长现象,可再控一次。

第七章　长江流域棉区棉花
节本增效栽培技术

　　长江流域棉区常年植棉面积 100 万公顷左右,育苗移栽面积较大、单产水平较高。这一地区粮棉轮作比例较高,为了解决粮棉争地矛盾,多年来开展了粮棉两熟种植的研究和应用,实现了粮棉双丰收,起到了"稳粮增棉"的作用,促进了棉花生产的发展。如江苏省在"七五"期间开展了麦棉连作种植制度的研究,全省麦(油菜)后移栽棉达到棉田总面积(57 万公顷左右)的 1/3 以上,不仅缓解了粮棉矛盾,而且明显提高了棉田全年经济效益。随着棉花收购政策的调整和国内外原棉市场供求状况的改变,植棉比较效益下降。对此,长江流域棉区特别是江苏省在"九五"期间,积极探索棉田多熟立体种植技术,1995—1998 年累计推广 54 万公顷,棉田立体种植的平均每公顷收益达到 3.75 万元,比麦棉两熟增收1.1 万元,社会经济效益十分显著。

一、棉花育苗移栽棉田节本增效栽培技术

(一)群体结构和产量目标

1. 棉花单产　每 667 米² 产皮棉 100～125 千克。

2. 密度　2.7 万～3.75 万株/公顷。

3. 单株成铃数　30～45 个/株。

4. 总铃数　6 万～8 万个/667 米²。

5. 平均铃重　4.0～4.3 克。

6. 平均衣分　38%～40%。

(二)播种育苗阶段

目标:培育早、大、壮苗,成苗钵率达 80% 以上。

1. 选床址与备钵土

(1)选床址 苗床应选择靠近大田,地势较高,靠近水源,排水通畅,管理方便的地段。苗床四周留有 30 厘米宽的走道,走道外要留有余地,建好苗床后要开一条宽 30 厘米的排水沟。一般 25 米² 苗床可育成棉苗 2 500~3 000 株,能够满足每 667 米² 大田移栽用苗。

(2)苗床准备 每个苗床冬前要培肥。方法:每 25 米² 苗床施入土杂肥 100~150 千克、人粪尿 100~150 千克、腐熟饼肥 4~5 千克,并深翻冻垡、熟化土壤,达到泥熟、土细、结构疏松,制钵前再施氮、磷、钾、微养分含量俱全的棉花苗床专用复合肥 4~5 千克,并与钵土充分混合。

2. 营养钵制作 制钵时钵土适宜湿度为最大持水量的 80% 左右(即用手将土能握成团,齐腰落地即散)。制钵前苗床床底要铲平铺实,并撒上草木灰及呋喃丹颗粒剂等防治地下害虫。用直径 7.0~7.5 厘米制钵器制钵,边制钵边排钵,排钵要平整紧密,苗床四周用土培好,并挖好排水沟,然后平铺薄膜,保墒待播。对于土壤黏性重的地区,制钵困难,可以采用营养方块育苗。制钵后及时备足盖籽土。

3. 适时播种

(1)种子准备 选用经过硫酸脱绒包衣良种,其标准符合 NY 400—2000《硫酸脱绒与包衣棉花种子》行业标准的规定。

(2)适时播种 当日平均气温稳定通过 8℃ 以上即为安全播种期。一般于 3 月 25 日至 4 月 10 日播种。播前苗床浇足水,每钵播种 1~2 粒。播后在床面均匀喷 50% 多菌灵可湿性粉剂 800 倍液,防治苗病。之后盖土,盖土厚 1.5 厘米左右(沙土地区盖土

2.0厘米左右)。盖土要厚薄一致,并填满钵间空隙。

(3)苗床化除　苗床播种盖土后,于床面喷洒棉田除草剂防除苗床杂草。

(4)搭棚盖膜　苗床化学除草后先用地膜覆盖床面(无须压实),再做棚架,棚架中间高度离床面50~55厘米,覆膜、盖膜要绷紧,四周用土压实,棚膜用绳固定,以防大风掀膜,并要清理四周排水沟。

4. 苗床管理

(1)播种覆膜后至出苗阶段　做到保温保湿催出苗。一般当出苗率达80%时抽去床内地膜,遇高温晴好天气可于见苗后抽膜,继续盖棚膜增温促全苗、齐苗。

(2)齐苗至2叶1心阶段　齐苗后及时揭膜晒床,抢晴暖天气于上午9时至下午15时揭膜晒床1~2天,以降低苗床湿度。子叶平展时要及时喷广谱保护型杀菌剂,防治苗期病害。未用床草净的苗床,棉苗子叶展平时用壮苗素喷洒棉苗,控高、壮苗。

此阶段苗床管理是适当控温,培育壮苗,应将苗床温度控制在25℃~30℃。气温升高后应在苗床拱棚两端以及两边开通风孔降温,随着气温升高开孔逐渐增大,数量增加,这一阶段应注意保温,不能过早开孔,在下午16时左右及时封盖通风孔,保证棉苗暖床过夜,促苗快长,如遇阴雨天气要盖好棚膜保温。

(3)2叶1心至移栽前　此阶段要控温控湿,控制棉苗生长,应将苗床温度控制在25℃以下。棉苗长到2叶1心时,首先,于晴好天气,揭膜浇水(如果棉苗较弱,可适当追肥),并再喷一次广谱保护型杀菌剂防治棉花苗期病害用内吸有机磷农药防治蓟马等害虫,对一钵双株或多株的要定苗。其次,做好苗床通风管理,棉苗2叶1心后,气温逐渐升高,苗床开孔数量增加,开孔时间延长,后期天气晴好气温较高时,白天可以揭膜降温,夜间及时盖膜保温。棉苗移栽前一周,日夜揭膜炼苗,但薄膜仍需保留在苗床边,做到苗不栽完,膜不离床。

(三)适时移栽

目标:缓苗期短,棉苗早发、早现蕾。

1. 大田准备

(1)整地做畦 套栽棉空幅冬季深翻冻垡,早春松土,以利于促进根系发育。小麦、油菜后移栽棉,在小麦、油菜收获后及时耕耙灭茬,做好移栽准备。

开挖好"三沟",确保沟系畅通。一般畦面 3 米左右,每畦一条畦沟,沟宽 30 厘米、深 30 厘米;每 30～50 米一条腰沟,沟宽 50 厘米、深 50 厘米;棉田四周要有排水沟。

(2)扶理前茬 棉花前茬如有倒伏趋势和已倒伏的要在棉花移栽前扶理,以改善棉行的通风透光条件,有利于提高地温,促进棉苗早发,同时也有利于棉花移栽时的田间操作。

(3)施足基肥

①基肥配方和用量 基肥要有机肥和无机肥配合施用,用量一般为每 667 米^2 施土杂肥 500～700 千克或腐熟饼肥 25 千克,再施尿素 5～8 千克、过磷酸钙 30 千克、氯化钾 10 千克左右。其中,无机肥可以用高浓度棉花专用复合肥 30 千克或 25%棉花专用复合肥 50 千克。

②基肥施用时期 有机肥宜在栽前 15～20 天施入,无机肥在移栽时施入;也可以将有机肥在移栽前 7～8 天结合整地做畦与无机肥同时施,移栽时不施肥;移栽地膜棉基肥在铺膜前施。

③基肥施用注意 不得在钵塘内施基肥,以防根、肥接触,发生肥害伤根。

(4)化学除草 移栽地膜棉在平整土地后用棉田除草剂均匀喷洒于土面,喷后覆盖地膜或直接覆盖除草地膜。

2. 大田移栽

(1)株行距配置　根据不同生态条件、不同种植方式和密度要求,按照扩行缩株的原则,确定适合本地区的行距配置方式。

一般采取等行种植,行距 100 厘米左右,株距按密度确定。

(2)适期移栽　当气温稳定在 18℃以上时即为安全移栽期。

移栽地膜棉一般在 5 月 10 日左右开始移栽,5 月 15 日前移栽结束;麦套露地移栽棉一般在 5 月 15 日左右开始移栽,5 月 20 日左右移栽结束;麦、油后移栽棉一般在 5 月 20 日左右开始移栽,6 月 10 日前移栽结束。

(3)移栽方法　根据密度和株行距配置要求,定距打洞,洞深略超过钵体高度。苗床起苗时保证营养钵完好。栽时不栽露肩苗,覆土时先覆 2/3 土,浇活棵水然后再覆满土。移栽宜在晴好天气进行,切忌雨天或雨后烂栽。

(四)栽后管理

棉花活棵以后至麦收以前,要及时移苗补缺,清理田间沟系,并看苗情加强管理,做到四个一,即施一次平衡肥:主要是对生长慢或黄弱苗施肥(施碳酸氢铵等速效肥)促平衡;除一次草:结合灭茬、除草,棉田浅锄中耕一次;治一次虫:主要是防治蚜虫、棉蓟马和红蜘蛛等苗期害虫;浇一次水:如遇干旱天气要浇足水。防止麦收时田间失管。

1. 蕾期管理　目标:早发稳长,壮株增蕾。

(1)化学调控　根据天、地、苗情及时进行化学调控,以防营养生长过旺,减少脱落。盛蕾期(6 月中下旬)对有旺长趋势的棉田,每 667 米^2 用缩节胺(折纯品)1~1.5 克,对水 20~30 升喷顶,控制棉苗旺长。

(2)清沟理墒　棉花蕾期阶段正值梅雨季节,棉田沟系要及时清沟理墒。降雨后要及时排除田间积水,减轻田间渍害,以利于根系生长。

(3)防治虫害 棉花蕾期的主要害虫有 2 代棉铃虫、盲椿象、蚜虫、玉米螟等，根据虫情及防治标准及时用药防治。

(4)缺硼棉田喷施硼肥 蕾期，每 667 米^2 用 50 克左右高效速溶硼肥，对水 25～30 升叶面喷施。

(5)早施第一次花铃肥 第一次花铃肥以有机肥与无机肥相结合，氮肥与钾肥相结合，其用量根据用肥总量及运筹比例确定，一般每 667 米^2 施猪羊粪 500～800 千克或饼肥 40～50 千克，尿素 15 千克左右，氯化钾 10 千克左右。移栽地膜棉 6 月底至 7 月初揭除地膜并将残膜清除到田外，盛蕾至初花期结合中耕在小行中开沟施用第一次花铃肥。露地移栽棉 7 月上旬在棉花初花期前施用第一次花铃肥。

2. 花铃期管理

(1)初花期至盛花期

①目标 成铃速度快，结铃率高，优质铃多。

缺硼棉田于开花期每 667 米^2 用 100 克高效速溶硼肥，对水 50 升叶面喷施。

开花期对生长偏旺、叶片偏大、主茎生长过快、土壤肥力较好的棉田，每 667 米^2 用缩节胺(折纯品)2～2.5 克对水 30～50 升均匀喷洒。

②重施第二次花铃肥 移栽地膜棉 7 月 20～25 日每 667 米^2 穴施或沟施尿素 25 千克左右，不得撒施。露地移栽棉 7 月下旬每 667 米^2 穴施或沟施尿素 20～25 千克左右，不得撒施。

③防治病虫 准确预测预报。主要有棉花 3 代棉铃虫、红铃虫、盲椿象、红蜘蛛、玉米螟、金刚钻、伏蚜等，准确预测预报，及时防治。棉铃虫要在产卵高峰期用药；采取封闭式防治方法将其消灭在点片发生阶段，控制红蜘蛛危害。

④选用农药品种 农药品种选用菊酯类、有机磷类及其复配

农药、生物农药,做到一药兼治,交替使用,以延缓或减轻害虫的抗药性,提高药效和保护天敌。

(2)盛花期至吐絮期

①**目标**　提高结铃率,多结优质铃,早熟不早衰,增加铃重。

②**适时打顶**　移栽地膜棉和露地移栽棉在立秋前后打顶,去1叶1心为宜。打顶一般单株留 18～20 台果枝,时间在 7 月 25 日至 8 月 8 日进行,按照"时到不等枝,枝到不等时"的原则,选择具体最佳打顶时间。

③**施用盖顶肥**　盖顶肥施肥时间不宜过迟,一般在沿江、里下河棉区在 8 日 15 日前,沿海和淮北棉区在 8 月 10 日前,每 667 米² 施尿素 5～7 千克或碳酸氢铵 15 千克。

④**根外追肥**　8 月中旬后用 2%尿素加 1%～2%磷酸二氢钾混合液,间隔 7～10 天喷一次,连续喷 2～3 次。

⑤**化学封顶**　在打顶后一周左右封顶,根据棉花长势每 667 米² 用缩节胺 3～3.5 克,对水 40～50 升均匀喷洒。

⑥**防虫抗灾**　8 月份棉虫发生种类仍较多,应加强预测预报,做好害虫的防治工作,提高防效。结铃盛期灾害性天气时有发生,如遇台风暴雨袭击要及时排水降渍、扶理棉花,补施肥料或根外追肥,促进恢复生长。如遇干旱应沟灌"跑马水",避免大水漫灌,造成蕾铃脱落。

3. 吐絮期　目标是增铃重、增品级,保丰收。

(1)防治害虫　9 月上中旬继续做好棉虫的防治工作。

(2)乙烯利催熟　对成熟偏迟的棉田,用乙烯利催熟。使用乙烯利催熟剂必须在绝大部分棉铃的铃龄达 40 天以上,使用时气温不低于 20℃时为宜。具体使用时间一般在 10 月 15 日左右,其他地区一般以在 10 月 20 日左右使用为宜。每 667 米² 棉田用 40%乙烯利 200～250 克,对水 50 升叶面喷施。

(3) 收 花

①收花适期 吐絮后 5～7 天为最佳采摘期,应及时采收。不收雨后花、露水花和开口桃。严格"四分",按品级分收、分晒、分藏、分售,确保丰产丰收。

②防止"三丝" 采摘时使用白色棉布兜或袋子采收棉花,采收人员应戴白色棉布帽子和穿白色棉布服装,交售棉花禁止使用化纤编织袋等非棉布口袋,禁止使用有色线绳扎口,以防止"三丝"混入。

二、地膜直播棉田节本增效栽培技术规程

(一)群体结构和产量目标

1. 棉花单产 100 千克/667 米^2。

2. 密度 2 000～2 500 株/667 米^2。

3. 单株成铃数 25～30 个/株。

4. 总铃数 5.0 万～6.5 万个/667 米^2。

5. 平均铃重 4.3 克。

6. 平均衣分 38%～40%。

(二)播前准备

1. 大田准备 棉花大田应在冬前深耕冻垡,早春松土,熟化土壤,施好基肥,整地待播。具体要求:

(1)冬前准备 棉花大田冬前深耕、浇足水,冬季冻垡,熟化土壤,达到培肥土壤的目的。

(2)规范畦面 地膜棉采取宽窄行种植时,行距一般 80～100 厘米,畦面不低于 3 米(沟宽 30 厘米)。大行距 110 厘米以上,小行距 50 厘米以上,小行距离畦沟 40 厘米,便于压盖地膜和保持棉

花行距分布均匀。

(3) 施足基肥　基肥要有机肥和无机肥配合施用,用量一般为:每 667 米² 施土杂肥 500～700 千克(或腐熟饼肥 25 千克)、尿素 5～8 千克、过磷酸钙 30 千克、氯化钾 10 千克左右,其中,无机肥可以用高浓度棉花专用复合肥 30 千克或 25% 棉花专用复合肥 50 千克。

有机肥宜在播种前 15～20 天施入,无机肥可在播种时施入,但要种肥分开;也可以有机肥与无机肥在播种前 7～8 天结合整地做畦同时施。

2. 种子准备　播种前要备足种子,一般每 667 米² 大田需准备种子 800～1 000 克,要选用具备较好生产条件的棉花种子加工厂生产的优质包衣种子,种子播种前要去掉破籽、瘪籽,晒干备用。

(三) 适期播种

1. 播种期　为了保证出苗率,不宜过早播种,掌握在日平均气温稳定超过 12℃,一般在 4 月 25 日左右为宜,具体日期要根据当时气候而定,要注意避免冷空气来临前播种。

2. 播种要求　适墒播种:如遇连续干旱,土壤墒情不足,需先造墒,待适墒后再播种;土壤含水量过大,则要等适墒后再播种,切忌烂播烂种,最好不要干播后大水漫灌。

播种提倡开沟穴播,穴距 30～35 厘米,播种沟深 4 厘米左右,一穴两粒,播种时带肥的要做到种、肥分开,播后及时盖土,厚度以 3 厘米左右为宜,略低于土表,减少烫伤。墒情不足时,要及时浇水,保证足墒。

3. 喷除草剂　播种后,每 667 米² 用 40% 乙草胺或 50% 氟乐灵 100 克,对水 1 500～2 000 倍均匀喷于土表,防治棉田杂草。

4. 及时盖膜　播种后及时加盖地膜,地膜要盖严、拉紧、压实,防止大风揭膜。

（四）田间管理

1. 苗期管理 苗期管理目标是发苗稳长,根系发达。

(1)及时放苗 棉花将出苗时,要经常到田间观察,发现棉花出苗要及时破膜放苗,晴天应抢在早晨9时之前放苗,防止棉苗接触膜面,发生高温烫伤。破膜后要及时用细土封压破口,保证地膜保温保湿效果。如遇寒流袭击,可推迟放苗,苗放膜下生长,防止冻害,待天气转晴,再于早晨放苗。

(2)病虫害防治

①苗期病害 棉花放苗后,待子叶平展,要及时喷广谱保护型杀菌剂,如可杀得、铜高尚、百菌清、波尔多液等,防止苗病发生。

②棉花苗期虫害 主要有地老虎、棉蓟马、棉蚜和红蜘蛛等。其防治方法为:根据虫情用高效低毒的农药进行防治。

(3)间苗定苗 于棉花2叶期一次间苗,每穴留1株,缺苗断垄两头都留双株,以保证密度。

(4)简化整枝 整枝于棉花快现蕾时一次完成,为了增加优质铃果节,一般提倡保留2条早期形成的营养枝。

(5)挑施苗肥 直播地膜棉苗期原则上不施肥,但对生长不平衡棉田要施提苗肥,重点弱小棉苗补施速效肥,促平衡。对种肥用量不足的棉田,也可视苗情适当普施促苗肥。

2. 蕾期管理 棉花蕾期管理的目标是:搭架稳长,壮株增蕾。

(1)肥水管理 主要是在盛蕾至初花期施好第一次花铃肥,时间一般在7月初,每667米^{2}大田施尿素10千克、氯化钾10千克。也可施高浓度棉花专用复合肥30千克或25％棉花专用复合肥50千克。

蕾期要注意对缺硼的田块施用硼肥,方法是每667米^{2}用50克左右高效速溶硼肥对水25～30升叶面喷施。

(2)化学调控 盛蕾期后(一般在6月下旬,具体时间为第一次花铃肥前)进行化学调控,一般每 667 米^2 用缩节胺 1.0～1.5 克(折纯品)对水 20～30 升,使用浓度为 50 毫克/千克,主要喷施部位是顶部。

(3)**病虫害防治**　蕾期的主要害虫有:玉米螟、蚜虫、红蜘蛛和盲椿象等。这些害虫的发生在不同气候条件下有较大差异,一般在干旱的气候条件下,蚜虫、红蜘蛛发生较重;在阴雨气候条件下,盲椿象等害虫发生较重。要注意分类指导,合理防治。根据虫情用高效低毒的化学农药、生物农药和农业措施进行综合防治。

(4)**杂草防治和清沟理墒**　蕾期的田间管理主要是中耕除草,防止杂草丛生,壅土培根,保温保湿,加快棉花地上和地下部生长,促进多现蕾,搭大架。

田间沟系清理,保证"三沟"通畅,能灌能排。

3. 花铃期管理　花铃期管理的目标是:提高成铃率,多结优质铃,早熟不早衰。

(1)**花铃期施肥**　花铃期主要是施好两次肥,一是重施第二次花铃肥,于棉花盛花期(7 月下旬)每 667 米^2 大田施尿素 20 千克。二是施盖顶肥,于 8 月 10 日前后,施速效肥(碳酸氢铵、氯化铵、硫酸铵等)15～20 千克。以后每隔 7 天叶面喷一次 2%尿素和 4‰磷酸二氢钾混合溶液,一般喷 2～3 次。

(2)**科学化学调控**　花铃期一般进行 2 次化学调控,一是盛花期(时间一般在 7 月下旬),每 667 米^2 大田用缩节胺 1.5～2.0 克(折纯品),对水 20～25 升,使用浓度为 70～80 毫克/千克。二是打顶后 7～8 天,每 667 米^2 大田用缩节胺 3.0～3.5 克(折纯品),对水 30～35 升,浓度为 100 毫克/千克封顶。

(3)**适时打顶**　打顶一般单株留果枝 18～20 台,时间在 7 月底至 8 月初进行,按照密度和群体果枝总量的要求,选择具体最佳打顶时间。

(4)**揭除残膜**　结合施肥,揭除残膜,利于根系发育,增加后期吸收能力。

(5)防治病虫害 花铃期有3、4代棉铃虫,2、3代红铃虫大发生还需用药防治;同时,要注意防治斜纹夜蛾、盲椿象等害虫。

防治应根据害虫发生情况,凡是达到防治指标的棉田立即在最佳防治期内用药防治。

①棉铃虫 棉铃虫大发生时应该用药防治,采用菊酯类农药和有机磷农药复配剂,提高防治效果。

② 棉红铃虫

第一,诱杀防治。成虫盛发期在田间设置黑光灯或红铃虫性诱剂诱杀成虫。

第二,药剂喷雾。卵孵化盛期用20％敌·氰乳油2 000倍液,或2.5％敌杀死2 500倍液均匀喷雾。

(6)中耕培土 棉花花铃期管理的重点是保持田间环境和防止倒伏。具体管理要点为:覆盖地膜的棉田要及时抽揭残膜;及时清理田间沟系,保证灌排畅通;田间进行中耕一次,壅土培根,培小高垄;后期要推株并垄,防风抗倒伏。

4.采收和晾晒

(1)棉花采收适期 棉花铃壳开裂后7天左右棉花完全吐絮为最佳采收棉铃,要及时采收,及时晾晒。如遇连阴雨天气,采收的黄铃和黑壳铃要及时剥铃,及时晾晒。严禁将潮湿的棉花长期堆放。

要在大风和连续阴雨来临前及时抢收,尽量在露水干后采收。

(2)乙烯利催熟 对偏迟成熟的棉田要及时喷施乙烯利催熟,时间为10月15日前后,每667米^{2}用40％乙烯利200～250克,对水30～50升全田喷雾。

(3)严格"四分" 棉花采收人员要戴白色棉布帽,用白色棉布兜袋采棉,收获的棉花要用白棉布袋装。

采收后的棉花要及时进行严格"四分",还要将正常吐絮的籽花和僵瓣、虫害花、剥壳花分类,分拣棉花人员要戴棉布帽。分拣好的棉花要及时在竹帘或芦苇帘上晾晒,棉花晒干后要用棉布袋包装。杜绝使用尼龙袋、编织袋或有色的袋、包、绳存装、晾晒棉花,防止异性纤维混入棉花,以提高品质。要做到分晒、分存、分类出售。

三、高效立体种植棉田节本增效栽培技术规程

多元立体种植是我国传统农业与现代科学技术相结合的珍宝,是我国农民高效利用时空资源的创造。多元立体种植巧妙建立了多物种共栖,多层次配置,多时序交替的新型农业生产方式。

(一)棉田立体种植的类型

1. 种植方式

(1)**棉粮型** 棉花与粮食作物间套作。这是传统的多熟制形式,也是增加棉花主产品有效总量的保证。以秋播套种麦、豆,春播间作玉米、大豆类型为主。

(2)**棉油型** 棉花与油料作物间套种。秋播套栽油菜,春季油菜后接栽棉花,棉田间作花生。

(3)**棉经型** 棉花与多种经济作物间套作。秋季种植或套种越冬经济作物,春季间套夏秋熟经济作物。

(4)**棉菜型** 棉花与蔬菜间套种。秋季种植或套栽蔬菜,春播季节间种蔬菜。

(5)**棉肥型** 棉花与绿肥间套种。秋季间套种越冬绿肥,春播间套经济绿肥。

(6)**棉粮油经菜复合型** 这是目前多熟间套的主体形式,是上述五种形式的发展和有机复合。春、夏、秋季间套粮、油或菜、经济

作物,形成一年中有 3～4 种或 5～6 种作物的多熟制形式。

2. 种植季节

(1)**前季套种** 棉花移栽前种植,与棉花前期短期共生。如秋播春(夏)收的麦、豆、油菜、大蒜、秋菜,冬春播春(夏)收的马铃薯,春栽春(夏)收的果豆类。

(2)**同季间作** 与棉花部分或全生育期共生。如秋播夏收的百合,春栽夏收的瓜果、蔬菜,春种秋收的果蔬、药材、粮油作物等。

(3)**后季套种** 夏季或秋季套种秋冬季收获的作物,与棉花后期短期共生。如多种食叶类的蔬菜、晚秋小宗经济作物等。

(二)棉田立体种植的原则

棉田多熟制的形成是与不同时期的经济发展、社会需求、技术水平以及不同地区的农业生态条件等密切相关的。棉田多熟立体种植必须遵循以下原则。

(1)**以市场为前提** 发展多熟制首先要有市场,以市场为导向安排种植,合理布局,组织生产。

(2)**以效益为基础** 提高效益是多熟制发展的核心。关键是要抓以下 4 条:一是合理安排面积,选用高产栽培模式,调整茬口组合,提高复种指数;二是选用高产、优质、高效、抗性好的作物品种;三是提高栽培管理水平,普及配套技术;四是发展加工,改善贮藏条件,提高综合效益。

(3)**以棉花为主体** 棉田多熟制始终要以棉花为主体,在不影响或少影响棉花的基础上间套夹种其他作物。

(4)**以互补为保证** 棉田多熟制的茬口安排要互补,前后茬合理搭配;作物上要互补,时间空间上要互补,用地养地互补,合理轮作换茬。

(5)**以环境为条件** 棉田多熟制要因地制宜,根据不同的地理、气候、生态条件,种植习惯和群众的技术水平,推广应用不同多熟制形式,逐步形成规模优势,发挥规模效益。

(6)以环保为前提 环保是对多熟间套种的基本要求和发展方向。减少污染,一是选用抗性(抗病、抗虫、抗逆)强的品种;二是推广应用高效低毒残留少、污染低的农药种类;三是减少用药次数,错开易污染易残留时期;四是保护天敌,应用生物防治;五是严格执行安全期内不用药,确保人畜健康。

(三)棉田立体种植的典型模式

1. 棉花大蒜间套种模式 大蒜是一种营养丰富,味道鲜美的蔬菜,深受人们的喜爱。大蒜植株矮小,秋播夏熟。棉田套种大蒜,在株型、群体和季节上都有很好的互补作用。

(1)种植规格 大蒜一般于9月底至10月上旬播种,播后喷大蒜专用除草剂,而后及时覆膜。行距0.2米,株距0.12米,密度为28 000株/667米^2;棉花于3月底至4月初抢晴天播种,5月10日前后移栽,把预置棉行的蒜行向两侧挤边移栽。种植的行距为1.1米,株距为0.33米,密度为1 800株/667米^2。

(2)产量与效益 大蒜每667米^{2}产量为1 300千克,价格3.0元/千克(2006年),总产值为3 900元/667米^2,效益为3 000元/667米^2;棉花每667米^{2}籽棉产量为250千克,产值1 500元/667米^2,效益为860元/667米^2,蒜棉套作效益为3 860元/667米^2。

(3)品种选择 大蒜品种一要选用高产优质品种;二要选用适应本地栽培条件和栽培季节的品种;三要根据栽培目标选用品种。以生产青蒜为主或青蒜、蒜薹为主的应选用早熟品种,生产蒜头或蒜薹兼用的应选用中晚熟品种。棉花品种宜选用个体优势强、后劲足的杂交棉品种。

2. 棉花洋葱间套种模式 洋葱,俗称葱头。在欧洲被誉为"菜中皇后",其营养成分丰富,市场效益高。洋葱的食用部分为地下茎,其肉质细嫩,营养丰富,是一种很好的保健蔬菜。洋葱植株矮小,秋播夏收,与棉花套种有互补和促进作用,其经济效益和社会效益都十分显著。

(1)种植规格 茬口组合为1.33米,4米为一畦。洋葱于上年9月底育苗,11月底覆盖地膜移栽,按15厘米×15厘米,栽于空幅中间。畦中间、畦边3行于5月10日按1800株/667米² 移栽棉花。

(2)成本与效益 实收洋葱4.77吨/667米²,产值3340元/667米²,葱叶75千克,产值340元,净效益2400元/667米²;棉花实收皮棉81千克/667米²,产值1220元,净效益1053元。两茬合计产值4900元/667米²,净效益3453元/667米²。

(3)品种选择 洋葱品种在利用上,要根据市场需求、栽培条件及食用习惯选择。红皮种洋葱高产、抗性强、耐贮运;黄皮种洋葱高产、抗性强、品质好、耐贮运,可作脱水加工。棉花品种宜选用个体优势强、后劲足的杂交棉品种。

3. 棉花西瓜间套作模式 西瓜清凉甘美、营养丰富,深受人们的喜爱。西瓜匍匐生长。春播夏熟,生长期短。棉田间种西瓜,在群体、时间和空间上都有很好的互补作用,经济效益和社会效益都十分显著。

(1)种植规格 西瓜在2月中下旬育苗,于3月底至4月初进行定植,株距40厘米左右,在其上搭1.5米宽、0.7米高的棚架并覆盖薄膜。棉花播种期在3月底至4月初。在西瓜行两边各0.5米处点播2行棉花,株距30厘米。

(2)产量与效益 据调查,西瓜平均单产275千克/667米²,产值1650元/667米²;棉花平均皮棉单产110千克/667米²,产值1460元/667米²,秋冬蔬菜平均产值350元/667米²,合计产值3460元/667米²,效益2980元。

(3)品种选择 西瓜品种选用耐弱光、耐阴湿、低温生长性好、坐果力强、雌花率高、成熟早、品质优、商品性好、产量高的优质、丰产、抗病品种。棉花品种宜选用生长势较强的抗虫杂交棉。

4. 棉花马铃薯间套种模式　马铃薯别名土豆、洋山芋、山药蛋。马铃薯富含淀粉,还含有丰富的蛋白质、铁、维生素 B 和维生素 C,是深受人们喜爱的粮菜兼用作物。马铃薯植株矮小,生育期短,春秋季均可栽培。棉田套春马铃薯互不影响,对棉花还有促进作用。

(1)种植规格　一般采用两种种植模式。一是等行棉花套马铃薯,畦宽 2.7 米,棉花行距 90 厘米左右,每棉花行间种 2 行马铃薯,行距 40～45 厘米。二是宽窄行棉花套马铃薯,畦宽 3.0 米,种 2 双行棉花,棉花大行内种 2 行马铃薯,行距 45 厘米。

(2)产量与效益　棉田套种马铃薯的经济效益显著。据调查,马铃薯平均单产 1 500 千克/667 米^2,产值 1 467 元;棉花平均单产皮棉 100 千克/667 米^2,产值 1 527 元,合计产值 2 994 元。

(3)品种选择　马铃薯选用高产、优质、抗病品种。棉花品种宜选用生长势较强的抗虫杂交棉。

第八章　西北内陆棉区棉花
节本增效栽培技术

一、南疆棉区棉花节本增效栽培技术

(一)目标产量、产量结构和生育进程

1. 目标产量与产量结构

(1)地面灌溉棉田　籽棉产量 400 千克/667 米² 以上,皮棉产量 160 千克/667 米² 以上;收获密度 1.4 万～1.6 万株/667 米²,单株铃数 5.2～5.9 个,每 667 米² 成铃数 8.3 万个以上,单铃重 4.8 克左右,衣分率 40％左右,霜前花率 90％～95％。

(2)膜下滴灌棉田　每 667 米² 产籽棉 450 千克/667 米² 以上,皮棉 180 千克/667 米² 以上;收获密度 1.4 万～1.6 万株/667 米²,单株铃数 5.6～6.4 个,每 667 米² 成铃数 9.0 万个以上,单铃重 5.0 克左右,衣分率 40％左右,霜前花率 90％～95％。

2. 生育进程　4 月上中旬播种,4 月中下旬出苗,5 月下旬现蕾,6 月下旬开花,8 月下旬吐絮。

(二)播种技术

1. 播前准备

(1)秋耕冬灌或茬灌　秋耕冬灌可起到降低害虫越冬基数和压碱蓄墒的作用。秋耕深度应达到 22 厘米以上,耕后应及时灌水。来不及秋耕的地块,可带茬灌水蓄墒压碱。冬灌应在土壤封冻前结束,每 667 米² 灌水量 100～150 米³。

(2)春灌　已冬灌地块,如墒情较好、盐碱较轻,春季可浅灌或不灌;跑墒严重,墒情较差的仍需春灌,灌水量 100 米³/667 米² 左右。未进行冬灌的地块播前应进行春灌,每 667 米² 灌水量 150 米³左右。

(3)种子准备　种子经硫酸脱绒、机械精选,并采用包衣或杀菌剂拌种;生产上应使用一代种,纯度 98% 以上、发芽率 85% 以上、健籽率 80% 以上。

(4)施足基肥　每 667 米² 基施尿素 20～25 千克,三料磷肥或磷酸二铵 20～25 千克,硫酸钾 10 千克;或施用与上述肥料等养分量的棉花专用肥。基肥可于犁地前均匀撒施或在犁地的同时用施肥机施用,机械深翻入土。

(5)播前整地　整地质量要求达到"墒、平、松、碎、净、齐"六字标准,做到上虚下实。结合整地采用人工与机械清理地表残膜、残茬和草根。

(6)化学除草　整地前,每 667 米² 使用除草剂 48% 氟乐灵 120 毫升,或 90% 禾耐斯 60～80 毫升,加水 50 升,均匀喷洒地表,要求边喷边耙糖,耙深 5～8 厘米,使除草剂药液与表土充分混合,以提高除草效果,并防止出现药害。

2. 播　种

(1)适期早播　当膜下 5 厘米地温稳定在 14℃时即可开始播种,一般年份适宜播种期为 4 月 1～20 日,最佳播期为 4 月 5～15 日,一般不宜超过 4 月 20 日。

(2)行株距及播种密度　一是采用幅宽 140～145 厘米地膜,一膜播 4 行棉花,行株距配置方式主要有(60＋32)厘米×9.5 厘米和(55＋30)厘米×9.5 厘米两种,播种密度 1.53 万～1.65 万株/667 米²;二是采用幅宽 200 厘米地膜,一膜播 6 行棉花,行、株距配置方式主要有(60＋10)厘米×10.5 厘米和(66＋10)厘米×9.5 厘米,播种密度为 1.81 万～1.85 万株/667 米²。

(3)铺膜和播种质量要求　播种深度 2.5～3.0 厘米,沙土地略深一些,黏土地略浅一些。常规播种机每 667 米² 种子用量 4～5 千克,精量播种每穴 1 粒,每 667 米² 用种量 2 千克左右。要求铺膜平展、紧贴地面,松紧适中、压实膜边,播种行覆土均匀、严实,厚度 0.5～1.0 厘米,膜面干净,种子行与膜边覆土间保持 3～5 厘米采光面。

3. 播后管理　播后立即清除行间膜面碎土,保证采光面,提高地温,促进早出苗、出壮苗;同时应注意护膜防风,及时查膜。用细土将播种机漏盖的穴孔封严,每隔 10 米用土压一条护膜带,防止大风将地膜掀起。如遇大风,要及时查膜压土封孔。

(三)苗期栽培技术

南疆春季气温不稳定,苗期常有低温、降雨等天气,应及时放苗、补种和定苗,并进行中耕松土,提高地温、破除板结,以实现全苗和壮苗早发。

1. 及时放苗、补种　播种后 8～12 天即可破土出苗,此时应做好查苗、放苗和补种工作。对于播种错位的棉苗要及时破膜放苗,放苗时应注意将棉苗基部孔穴用土封严。如遇下雨,雨后应及时破除覆土板结,助苗出土。对于缺苗较重的棉田,应在放苗的同时或随后催芽补种。

2. 早定苗　定苗应在棉苗两片子叶展平后开始,1 叶 1 心时结束。一穴留一苗,去弱苗、病苗,留壮苗、健苗,同时要培好"护脖土"。

3. 中耕除草　为破除土壤板结,增强土壤通透性,提高地温,促进棉苗根系发育和地上部生长,灭除田间杂草,一般在播后或棉田显行时进行第一次中耕。以后如遇降雨,土壤出现板结,应及时中耕,苗期中耕 1～2 次。机械中耕深度不少于 15 厘米,距苗行 10 厘米左右,要求做到表土松碎平整,不压苗、不埋苗、不铲苗、不损坏地膜。机械中耕不到的地方可采用人工除草。

4. 根外施肥　为促进壮苗早发,可在定苗后每 667 米² 用磷酸二氢钾 100～120 克和尿素 100 克、对水 30 升叶面喷施,每次间隔 7～10 天,连喷 2～3 次。

5. 化学调控　一般长势棉田,在 2～3 叶期,每 667 米² 用缩节胺 0.2～0.3 克,对水 5.0 升左右;5～6 片叶期,每 667 米² 用缩节胺 0.5～0.8 克,对水 10～15 升。

(四)蕾期栽培技术

1. 揭膜　地面灌溉棉田,根据棉田土壤墒情和棉花长势适时揭膜。旺长棉田 6 月 10 日前揭膜;一般棉田可延后,于 6 月中旬头水前 3～5 天揭膜。要保证揭膜后及时灌水,避免发生旱情。

膜下滴灌棉田可在棉花收获完毕或翌年春季犁地前揭膜。

2. 灌溉与施肥

(1)地面灌溉棉田　全生育期灌水 4～5 次,坚持"头水晚、二水赶,三水足,四水、五水看苗看长势灌溉"的原则。蕾期灌溉 1～2 次,第一水时间一般在 6 月中旬,灌水顺序应以棉花长势和墒情而定,一般弱苗和沙壤土地块先灌,旺苗和黏土地块后灌;要求小畦灌或细流沟灌,严格控制水量,一般灌水量在 50～60 米³,做到不串灌、不漫垄、均匀灌透。盛蕾期至初花期棉田灌第二水,一般在第一水后 12～15 天,灌水量根据棉花长势控制在 60～70 米³。

棉田第一水前结合开沟培土第一次追肥,追施尿素 10～15 千克/667 米²,施肥应距苗行 10～12 厘米、深 10～15 厘米。

(2)膜下滴灌棉田　蕾期滴水 1～2 次,每次滴水 15～20 米³/667 米²,随水滴施尿素 2～3 千克/667 米²,磷酸二氢钾 1 千克/667 米²。第一水时间一般在 6 月 10 日前后,僵苗、弱苗、晚发苗棉田可早些,长势较好的棉田可适当推迟第一水时间。

3. 化学调控　盛蕾期每 667 米² 用缩节胺 1～2 克,对水 10～

20 升,叶面喷施。

(五)花铃期栽培技术

1. 灌溉施肥

(1)地面灌溉棉田 花铃期一般灌水 3 次,每次间隔 15~18 天,灌水量以 70 米^3/667 米^2 左右为宜。初花期灌水前人工撒施尿素 6~8 千克/667 米^2,防止棉花后期脱肥早衰。

(2)膜下滴灌棉田 7 月份一般滴水 4 次,滴水周期 8 天左右,每次滴水 25~30 米^3/667 米^2,每 667 米^2 随水滴施尿素 4 千克、磷酸二氢钾 2 千克;8 月份一般滴水 3 次,滴水周期 10 天左右,每次滴水 20~25 米^3/667 米^2,每 667 米^2 随水滴施尿素 3 千克、磷酸二氢钾 1 千克。

2. 化学调控 初花期每 667 米^2 用缩节胺 2~3 克,对水 30~45 升;盛花期每 667 米^2 用缩节胺 3~4 克,对水 45 升;打顶后 7 天,每 667 米^2 用缩节胺 6~8 克,对水 60 升。

3. 根外施肥 为补充根系对养分的吸收,防止棉株早衰,减少蕾铃脱落,增加铃重,一般棉田从盛花期(7 月 15 日前后)起,每 667 米^2 用 100~150 克磷酸二氢钾＋150~200 克尿素,对水 30~40 升叶面喷施,7~10 天一次,连喷 2~3 次。旺长棉田后期应减少或不喷施尿素;缺氮有早衰迹象的棉田,可适当增加尿素用量。

4. 适时打顶 打顶时应严格遵循"时到不等枝,枝到不等时"的原则,对于高密度(1.5 万株/667 米^2 以上)棉田,可在 7 月初开始打顶,7 月 10 日结束;密度 1.2 万株/667 米^2 左右的棉田可于 7 月 10 日开始打顶,7 月 20 前结束。打顶时摘除 1 叶 1 心,不能大把揪,不论高矮、旺苗、弱苗一次过。

(六)吐絮期管理及收花

1. 灌溉 南疆棉区一般在 8 月 25 日至 9 月 5 日停止地面灌

溉或膜下滴灌,最后一次灌溉时应根据棉田墒情适当增加水量,以保证 9 月上中旬田间地表湿润。

2. 清除杂草和残膜　吐絮前应进行 1 次彻底的杂草清除工作,这样做既能保证拾花质量,又能减轻下茬作物的草害。一般在 8 月上旬进行。头水前未揭膜的地块,收获前要清除棉田残膜。

3. 打老叶促早熟　对于旺长、田间郁闭的棉田,可在 8 月底至 9 月上旬打掉部分老叶,以利于棉田通风透光,减少烂铃,促进早熟。

4. 喷施催熟剂　一般在 9 月中下旬第一次收花后进行为好。乙烯利用量为 $150\sim250$ 克/667 米^2 加水 40 升左右进行均匀喷施。吐絮良好预期霜前花率达 90% 以上的棉田,用量可减少,反之用量加大。

5. 收花　严格区分霜前花和霜后花。对于采摘后的棉花应进行分晒、分存,以提高棉花的质量与等级。在采摘和装运过程中,要防止人和畜禽毛发、异性纤维混入棉花。

（七）病虫害防治技术

南疆棉区为害棉花的病害主要有枯萎病和黄萎病,主要害虫有地老虎、棉蓟马、棉蚜、棉铃虫和棉叶螨等。

1. 病害防治　首先要加强保护无病区和轻病区,规范引种,种子调运要严格检疫,不使用发病棉田生产的种子和油渣,以控制枯、黄萎病的扩散和蔓延;使用包衣和杀菌剂处理的种子;对于长期种植棉花的地块采用轮作倒茬,尤其是与水稻轮作,以降低枯、黄萎病病菌数量;重病田选用抗病性强的品种。

2. 虫害防治

(1) 地老虎和棉蓟马防治　地老虎和棉蓟马是棉花苗期的主要害虫。防治的关键是种子包衣或药剂拌种,未包衣、拌种且地老虎或棉蓟马发生严重的地块,可在齐苗后喷施 2.5% 敌杀死乳油

1 000～1 500 倍液,50％辛硫磷乳油 1 000 倍液;也可用油渣拌敌百虫诱杀地老虎。

(2)棉蚜防治 当棉田蚜虫点片发生时,应坚持隐蔽用药,可选用氧化乐果加水稀释 5 倍涂茎,也可沟施呋喃丹 2.5 千克/667 米² 或铁灭克 350～400 克/667 米²,切勿大面积喷药;棉田大面积发生棉蚜时也应谨慎用药,可采用保护带喷药形式灭蚜。

(3)棉铃虫防治 棉花进入蕾铃期后应着手棉铃虫的防治,其措施为:种植玉米诱集带,棉花播种时在棉田四周种植玉米诱集带诱集棉铃虫产卵,在玉米上集中消灭棉铃虫虫卵或人工捕捉幼虫。杨树枝把诱捕:利用棉铃虫对杨树枝把的趋向性,在棉铃虫羽化期开展杨树枝把诱蛾。灯光诱杀:利用棉铃虫成虫对黑光灯和高压汞灯的趋光性,进行诱杀。化学防治,6 月下旬应密切关注棉铃虫发生动态,对达到棉铃虫防治指标的棉田用赛丹进行第一次防治;间隔 10 日,对仍然达到防治指标的棉田,使用赛丹第二次化学防治。7 月中旬,对棉田第二代棉铃虫可采用人工捕捉虫,减少用药,以保护天敌。

(4)棉叶螨防治 重在早期发现。查找中心源,及时用克螨特防治,控制其蔓延,结合灌溉减轻危害。棉花生育盛期,如果害虫发生程度超过防治指标时,可用 40％氧化乐果 1 000 倍液防治。在红蜘蛛发生严重时,也可用 20％三氯杀螨醇、73％炔螨特乳油 1 000 倍液喷雾防治。

7 月下旬至 8 月份部分棉田发生棉叶螨,选用对天敌安全的杀螨剂为好,如喷施 73％炔螨特乳油 1 000～1 500 倍液,或 5％噻螨酮乳油 1 000 倍液或 20％三氯杀螨醇 1 500～2 000 倍液喷雾,或涂茎,方法同棉蚜涂茎。

二、北疆棉区棉花节本增效栽培技术

（一）目标产量、产量结构和生育进程

1. 目标产量　籽棉产量 400 千克/667 米² 以上，皮棉 160 千克/667 米² 以上。

2. 产量结构　收获密度 1.4 万～1.6 万株/667 米²，单株成铃数 5.0～5.7 个，每 667 米² 成铃数 8.0 万个以上，单铃重 5 克，衣分率 40％左右。

3. 生育进程　4 月上旬至 4 月 20 日播种，4 月 15 日至 4 月底出苗，5 月 20 日至 6 月初现蕾，6 月下旬至 7 月初开花，8 月下旬至 9 月初吐絮。

（二）播种技术

1. 播前准备

(1) 茬灌冬翻或秋耕冬灌　9 月下旬至 10 月中旬，回收棉田废旧滴灌管和残膜，待棉花全部拾完后，机械粉碎棉秆，随后秋耕，耕深 25～28 厘米。秋耕后进行冬灌，每 667 米² 灌水量 80～100 米³，做到灌水均匀、不漏灌。来不及粉碎棉秆的棉田，也可带茬秋耕或带茬冬灌。

(2) 施足基肥　全生育期每 667 米² 施用优质厩肥 3～5 吨或油渣 100 千克，140 千克标准化肥，化肥氮、磷、钾比例为 1：0.3～0.5：0.1。将全部有机肥和磷、钾化肥，以及氮肥总量的 40％于秋耕时作基肥深施。

(3) 化学除草　当年春季整地前，每 667 米² 用 48％氟乐灵 120 克或禾耐斯 60～80 克，对水 50 升后机械喷洒地表，边喷边耙，耙深 5 厘米，要求做到不重、不漏。

(4)播前整地 整地时采用复式作业,以减少作业次数。整地质量要达到"墒、平、松、碎、净、齐"六字标准,并做到上虚下实。结合整地采用人工拾膜与机械回收相结合,务求把残膜拾净。

(5)种子准备 选择适于当地生态条件、丰产性好、抗枯黄萎病的早熟品种。棉种经硫酸脱绒、机械精选;播种前对种子进行包衣或杀菌剂处理。

2. 播种关键技术

(1)适宜播期 4月上旬膜下5厘米地温连续3天稳定超过14℃时即可播种,正常年份在4月8日可开始播种,一般在4月10~20日为适宜播期。

(2)行距配置和播种方式 一是采用幅宽115~120厘米地膜,一膜播4行棉花,行、株距配置方式一般为(20+40+20+60)厘米×10厘米,播种密度1.90万株/667米²;二是采用幅宽140~145厘米地膜,一膜播4行棉花,行、株距配置方式主要有(30+55+30+55)厘米×9.0~10厘米,播种密度1.57万~1.74万株/667米²;三是采用幅宽245厘米地膜,一膜播6行棉花,行、株距配置方式主要有(10+66+10+66+10+66)厘米×9.0~10.5厘米,播种密度为1.75万~1.95万株/667米²。

播种深度控制在2.5~3.0厘米,普通播种机播量一般4~5千克/667米²,精量播种机播量为2~3千克/667米²。

播种质量要求:铺膜平展,压膜严实,采光面大;下籽均匀、一穴一粒;播行笔直,接行准确,播深适宜,空穴、错位率低于3%;膜上覆土0.5~1.0厘米,穴孔覆土严实,可每隔10~15米用土压一条护膜带,以防大风掀膜。

(3)播后管理 播种后应及时进行田间检查,清扫膜面,并做好压膜和封洞等工作;如遇大风,要及时查膜,被风掀起的膜要及时覆土压实,用细土将穴孔封严,以防透风跑墒;播后3天内,做好地头地角的补种、铺膜工作。出苗前中耕松土一次,以提高地温,加快边行出苗。

(三)苗期栽培技术

1. 放苗封土　播种后及时查苗,对于错位的孔穴,要及时破膜放苗,放苗时应注意将棉苗基部孔穴用土封严;如遇下雨,雨后应及时破除封土板结,以利出苗。

2. 早定苗　两片子叶展平后即可开始定苗,2 片真叶展平时结束。定苗时做到匀留苗,去弱苗、病苗,留壮苗、健苗,严禁留双株,同时要培好"护脖土"。

3. 中耕松土　苗期中耕 1～2 次,耕深 14～16 厘米,护苗带8～10 厘米。中耕时做到不拉沟,不埋苗,行间平整、不起大土块,行间土壤松碎。

4. 化学调控　因苗调控,即弱苗轻控或不控、旺苗重控。子叶期每 667 米² 用缩节胺 1 克左右,对水 25 升;2～3 叶期每 667米² 用缩节胺 1～1.5 克,对水 25～30 升。

5. 根外追肥　在 2～3 片真叶时起,每 667 米² 用磷酸二氢钾100 克和尿素 150 克,对水 45 升叶面喷施 2～3 次,以促进棉苗生长。

6. 防治害虫　加强虫情调查,将红蜘蛛、棉蚜的虫株及时拔除;点片发生时可用涂茎、滴心方法防治。

(四)蕾期栽培技术

1. 揭膜　地面沟灌棉田,应在头水前 3 天人工揭膜,随后开沟追施全生育期总氮量的 40%。

2. 适时灌水　地面沟灌棉田,头水一般在 6 月中下旬,每 667米² 灌水量 70～80 米³;膜下滴灌棉田,一般 6 月 10 日前后开始滴水,蕾期一般滴水 1 次,水量 30～40 米³/667 米²;同时,随水滴施尿素 5 千克/667 米²、磷酸二氢钾 1.5 千克/667 米²。

3. 化学调控　灌(滴)第一水前,每 667 米^2 用缩节胺 2～3 克,对水 20～30 升,叶面喷洒。主要控制中下部主茎节间和下部果枝伸长。

4. 防治虫害　根据虫情,对红蜘蛛、棉蚜发生的点片,采用抹、摘、拔、滴等办法进行挑治,达到保益控害的目的(涂茎:用 40%氧化乐果乳油,对水 5～7 倍,涂于主茎红绿交界处)。

(五)花铃期栽培技术

1. 灌溉施肥　地面灌溉棉田,头水后根据苗情,隔 15～18 天灌第二水,每 667 米^2 灌水量 90 米^3,同时将剩下氮肥总量的 20% 于第二水前追施;再隔 15～18 天灌第三水,每 667 米^2 灌水量在 80 米^3 左右;凡在 8 月 5 日前灌三水和有旱情的棉田补灌四水,每 667 米^2 灌水量 60 米^3 左右。

膜下滴灌棉田,花铃期滴灌 4～6 次,滴水间隔 10～15 天,每 667 米^2 滴水量 35～45 米^3,每次加尿素 4.0 千克左右及磷酸二氢钾 1 千克左右。

2. 根外追肥　8 月份,有早衰表现的棉田每 667 米^2 用磷酸二氢钾 150～200 克,尿素 200 克,或加其他微肥,对水 40 升叶面喷施,喷施 2～3 次,以减缓叶片衰老,增强根系活力,促进根系吸收,达到增铃、增重的目的。

3. 适时打顶　坚持“枝到不等时,时到不等枝”的原则,7 月上旬打顶结束,并掌握密度大的早打、密度小的晚打。密度在 1.5 万株/667 米^2 以上的,留 7～8 台;密度在 1.2 万～1.5 万株/667 米^2,留 9～10 台。打顶要求,打去“1 叶 1 心”并将顶心带到田外深埋。

4. 化学调控　花铃期一般化学调控 2 次,即初花期每 667 米^2 用缩节胺 3～4 克,对水 40 升,叶面喷洒;打顶后 3～5 天,每 667 米^2 用缩节胺 6～8 克,对水 60 升,叶面喷洒。

5. 防治虫害　花铃期棉田主要害虫有棉铃虫、红蜘蛛和棉蚜。棉铃虫防治采用灯光、性诱剂、杨树枝把、玉米诱集带诱杀,也可用生物农药 Bt 乳剂防治;红蜘蛛防治采用杀螨剂如三氯杀螨醇、螨天杀、螨无敌等,坚决将其控制在点片发生阶段;棉蚜的防治尽可能采用滴心、涂茎等隐蔽用药方法。这一时期严禁在棉田大面积使用广谱性杀虫剂,以保护利用天敌。

(六)吐絮期管理

1. 清除杂草　后期清除棉田杂草,有利于通风透光,促进早吐絮,保证拾花质量,减少翌年田间杂草。

2. 化学催熟和脱叶　人工采收棉田,对贪青晚熟的地块,可在霜前 7 天每 667 米^2 喷百朵 100～120 克或乙烯利 100～150 克左右,加水 15～20 升,催熟棉田。

机械采收棉田,在采收前 18～20 天且气温稳定在 10℃～20℃、吐絮率达到 30%～40%时,开始喷洒脱叶剂。每 667 米^2 使用脱落宝 40 克+乙烯利 80 克或脱吐隆 20 克+乙烯利 80 克。

三、河西走廊棉区棉花节本增效栽培技术

(一)目标产量、产量结构和生育进程

1. 目标产量　籽棉产量 400 千克/667 米^2,皮棉产量 150 千克/667 米^2,霜前花率 85%以上。

2. 产量结构　实收密度 1.2 万～1.5 万株/667 米^2,单株果枝 8～10 台,株高 60～70 厘米,单株铃数 5.3～6.7 个,成铃数 8.0 万个/667 米^2 以上,单铃重 5 克左右,衣分率 38%左右。

3. 生育进程　4 月上中旬播种,4 月 15～30 日出苗,5 月 20 日至 6 月初现蕾,6 月下旬至 7 月初开花,8 月下旬至 9 月上旬

吐絮。

（二）播种关键技术

1. 播前准备

(1) 整地蓄墒保墒　前茬作物收获后，应及时耕翻，深 20～30 厘米，冻前将土地整平。浇底墒水后于适耕期先镇压碎土保墒，然后耖、耙和镇压，达到上虚下实、地平、土碎、墒足且无残茬杂物。

(2) 施足基肥　在浇底墒水前，结合深翻，每 667 米^2 施优质农家肥 3～5 米^3。播种前，结合最后一次耖耙每 667 米^2 施过磷酸钙 40～50 千克和尿素 16 千克混合深施，隔 4～5 天播种。

(3) 化学除草　覆膜播种前，每 667 米^2 用 50% 乙草胺 75 毫升（或 48% 地乐胺 100～150 毫升），对水 2～3 升，掺拌 50 千克细沙，均匀撒入土壤地表，浅耙入土，镇压后覆膜播种，防除杂草。

(4) 种子处理　选用硫酸脱绒加工精选种子；播前一周内，按种衣剂与种子比例为 1：50 处理种子，晾干后即可播种。

2. 播种技术

(1) 适宜播期　以 4 月上中旬播种为宜。

(2) 种植规格　采用幅宽 1.45 米的宽膜，行株距配置（30＋55＋30＋55）厘米×9.0～11.5 厘米，播种密度 1.36 万～1.74 万株/667 米^2。

(3) 覆膜要求　机械覆膜播种后应及时补压漏盖的地段和破洞，人工覆膜应将地膜拉紧、展平、压严。

（三）苗期栽培技术

1. 查田压膜、破除板结　播种后要及时查看，将未盖、漏压的播种孔、地膜及时盖好、压平。如遇雨应及时破除板结，并用细土重新封严苗孔。对即将顶土出苗的棉田遇雨板结时，要轻轻破除板结，以免损伤棉苗。

2. 及时查苗　棉苗顶土出苗前后,及时放出错位苗,封好放苗孔,用土压严地膜破裂漏洞处。放苗最好在早晨、下午进行,中午太阳直射时尽量不要放苗,以防强光烧伤棉苗。

3. 定苗　棉花出苗后,于第一片真叶平展时一次性定苗,每穴留一株,缺苗断垄处留双株,并拔除棉田杂草。

4. 化学调控　在2～3叶期,每667米^{2}用缩节胺0.5～1.0克,对水15升,叶面喷洒。

5. 防虫　于5月下旬用敌百虫青草毒饵诱杀地老虎。每667米^{2}用铡碎的鲜草20～30千克,90%敌百虫晶体50～100克,加水2～3升溶解后均匀拌在青草上(或拌在2～4千克粉碎的炒香油渣或麦麸上),制成毒饵,于傍晚时撒到棉田内诱杀。

棉田蚜虫点片发生时,采用手抹、拔除中心蚜株等人工方法防治,或采用40%氧化乐果稀释5～10倍涂茎(或用1 000倍液滴心)等化学防治。同时,用氧化乐果1 500～2 000倍液在棉田四埂杂草上进行喷雾防治红蜘蛛、蚜虫等,减少棉田的虫源量。

(四)蕾期栽培技术

1. 虫害防治　蕾期棉花蚜虫(尤其是苜蓿蚜和桃蚜)逐渐向棉田转移,应多观察,做到早发现早防治。初发时主要采用土埋、手抹和拔除中心蚜株等人工防治方法;点片发生时,采用40%氧化乐果等高效内吸杀虫剂稀释5～10倍液涂茎,用毛笔蘸药液涂在棉苗红绿相间处,只涂一面,药斑大小以2～3厘米为宜。保护利用天敌,降低虫口密度和后期防治成本。

2. 调控结合　初蕾期,每667米^{2}用缩节胺1.0～1.5克,对水15～20升,叶面喷洒,降低棉株脚高,防止徒长,协调促进营养生长与生殖生长的矛盾。并视棉苗长相,进行棉田叶面根外追肥,即每667米^{2}用磷酸二氢钾100～150克、喷施宝5毫升等对水喷雾。

（五）花铃期栽培技术

1. 灌水　棉花见花期前后灌头水，以后每隔 20～25 天灌水一次，全生育期灌水 3～4 次，8 月上中旬停水。

2. 打顶　应掌握"枝到不等时，时到不等枝"的原则，7 月上旬开始打顶，打顶时间不宜超过 7 月 15 日，根据田间密度留果枝 8～10 台。

3. 促控结合　初花期、盛花期，每 667 米² 分别用缩节胺 2～3 克、3～4 克，对水 30～40 升，进行叶面喷雾，以促进棉株营养生长向生殖生长转化，使其早结桃、多结桃，防止棉株徒长，减少脱落，并同时进行根外追肥。

4. 早施、重施花铃肥　结合灌水，头水每 667 米² 追施尿素 10～15 千克，二水每 667 米² 追施尿素 6 千克，促进棉铃膨大发育。同时，对一些长势弱的棉田进行叶面追肥。

5. 防虫　花铃盛期，正值棉蚜发生危害的高峰期，要根据棉蚜的发生规律，及早预测预报，针对不同的田块和虫情，做出相应的防治对策，初发时和危害轻的田块，仍用手抹、涂茎等防治方法，保护利用天敌。大面积发生时，用棉胺磷等杀虫剂对水全田喷雾，采用敌敌畏毒沙熏蒸。每 667 米²，用 80% 敌敌畏乳油 100～200 毫升，对水 1～2 升，稀释后均匀拌在 30～40 千克细沙上撒入棉田，操作时工作人员要戴手套、口罩，以防中毒。

（六）吐絮期栽培技术

1. 防虫　这时棉叶逐渐衰老，抵抗力下降，秋高气爽，降雨少，常有蚜虫、红蜘蛛再次暴发。初发时及时用杀螨剂、杀虫剂等防治，切勿掉以轻心，造成大面积或全田蔓延扩散危害。

2. 水肥管理　特早熟棉区，吐絮初期棉株基本停止生长，对一些长势弱、表现早衰迹象的棉田，应适时浅灌水一次，补施少量化肥,促进棉铃的饱满和棉纤维的成熟发育。

3. 收获　棉花达到正常吐絮标准时,要及时分拾、分存、分级交售,避免风吹、日晒、雨淋,降低品级。

4. 清除残膜　待棉花收获拔秆后,应及时清除田间残膜,减少田间污染。

第九章　杂交棉节本增效栽培技术

杂交棉在产量、品质、抗逆性、适应性等方面具有明显优势,种植杂交棉是大幅度提高棉花产量的有效途径之一,世界各国都十分重视对棉花杂种优势的利用及对杂交棉的培育。杂交棉品种的不断涌现和大面积推广应用,在棉花生产上显示了强大优势,表现为丰产性突出,稳产性好,抗虫、抗逆性强,适应性广。杂交棉的研发与应用,有力地推动了棉花生产的发展与生产水平的提高。

杂交棉要获得高产,必须明确其生育特点。杂交棉的优势主要来源于单株叶面积扩大,特别是果枝叶面积增长速度较快,产量优势主要表现为早发明显,伏前桃增多,单铃重增加。杂交棉一代生长势强,生育进程快,伏前桃、伏桃、单株成桃、结铃率明显高于常规品种和杂交种二代。杂交棉栽培技术上,在充分发挥单株生产潜力的条件下,着重抓好促早栽培及苗期至初花期化学调控技术,防止前期封行过早和旺长;施肥技术上,苗蕾期适当控施速效氮肥,增加花铃期肥料施用量,且要注意氮、磷、钾的配合施用,延长中后期叶片功能期,提高单株成铃率,增加单株铃数和铃重,发挥其群体增长优势。棉花杂交种与常规优良品种的生物学特性、农艺性状都有所差异,杂交棉的栽培管理模式不能完全照搬常规棉的栽培管理模式。现论述杂交棉相关概念、每个关键时期的生长发育特点及其关键栽培技术。

杂交棉的产量结构:地力中等水平的棉田(土壤有机质 10～15 克/千克,碱解氮 60～90 毫克/千克,速效磷 5～10 毫克/千克,速效钾 50～100 毫克/千克),每 667 米^2 植棉 1 600～2 000 株。地肥宜稀,地瘦宜密;早茬宜稀,迟茬(油后移栽棉、麦后移栽棉)宜密。株高 120～140 厘米,单株果枝 18～22 个,果节 70 个左右,单株成桃 35 个左右(其中伏前桃 10％～15％,伏桃 55％～60％,秋桃 25％～30％),结铃均匀,每 667 米² 总桃 6 万个以上,单铃重 5.0 克左右,衣分 37％～40％,每 667 米² 皮棉产量 100 千克以上。

　　杂交棉的施肥原则:根据土壤肥力,做到基肥足,蕾肥稳,花铃肥重,桃肥补;有机肥与无机肥结合;氮、磷、钾三要素结合;大量元素与微量元素结合。地力中等水平的棉田每 667 米² 施纯氮 20～24 千克,五氧化二磷 10 千克,氧化钾 15～22 千克,纯硼 40～50 克,氮、磷、钾比例为 1∶0.4～0.5∶0.8～0.9。

表 9-1　不同杂交棉栽培方式及其生育进程(长江流域)

移栽方式	播种期	出苗期	移栽期	蕾　期	开花期	吐絮期
麦套棉	4 月 5 日左右	4 月中旬	4 月底至 5 月初	6 月上旬	7 月上旬	8 月上旬
油后移栽棉	4 月 20 日左右	4 月下旬	5 月中下旬	6 月中下旬	7 月上中旬	8 月中旬
麦后移栽棉	4 月下旬	5 月上旬	5 月下旬	6 月中下旬	7 月中下旬	8 月下旬

一、杂交棉苗期生育特点与栽培技术

(一)杂交棉苗期生育特点

　　杂交棉苗期以营养生长为主,根、茎、叶均生长旺盛,为营养生长期,但已有花芽分化。其中根的生长最快,是该期生长的中心。主根伸长比地上部株高增长快 4～5 倍。

　　影响杂交棉苗生长的主要环境因素是温度,此时气温一般偏低而不稳,幼苗抗逆性很差,棉苗生长较弱,易导致病害、死苗或晚发。幼苗株体小,对养分吸收量不多,氮肥过多,会使棉苗营养生长过旺,叶片过大,茎节过长,呈旺苗长相。

杂交棉苗期要求在一播全苗基础上,达到壮苗早发。关键在于促进根系发育,壮苗先壮根,发苗先发根。只有根系长得深而广,才能培育壮苗,才能促进早发,早现蕾、早开花、早结桃,桃多桃大。壮苗的长势长相是:株高日增量 0.3～0.5 厘米;6 月中上旬现蕾,现蕾时株高 10～20 厘米,真叶 6～8 片,棉株敦实、宽大于高,茎粗节密、红绿各半,叶片平展、大小适中。

(二)杂交棉苗期栽培技术

1. 营养钵育苗

(1)选苗床 苗床选择地势高燥平坦、土质松软肥沃、排水、施肥方便、无枯黄萎病、便于就近移栽的场地,集中或分散育苗。苗床与大田按 1∶15 比例备钵土,床面宽 1.1 米,床面长不超过 15.0 米。四周开好围沟,沟宽约 0.4 米,抬高床面,便于明水能排,暗水能滤。

(2)肥土制钵 每 667 米² 按 2 500 个钵备足钵土,于春节前,施腐熟有机肥 50 千克或人粪尿 25 千克加饼肥 2.5 千克,冬前深翻冬凌,熟化钵土,春后耕耙碎土,疏松钵土结构。制钵前 10～15 天,施过磷酸钙 2.0 千克,氯化钾 1 千克,硫酸锌 50 克,充分拌匀。制钵前一日,浇足水分,使钵土湿度为土壤田间最大持水量的 80%,次日钵土应手捏成团,齐胸落地即散。钵径 5.5～6.0 厘米、钵高 7.0～8.0 厘米,制钵要求高矮一致,钵体完整。床面平整,钵与钵靠紧,摆成梅花形,边摆钵边盖膜,防止暴晒雨淋。

(3)播种 播种育苗,麦套移栽棉在 4 月 5 日左右、油菜后移栽棉在 4 月 20 日左右、麦后移栽棉在 4 月 30 左右为宜,将棉花苗龄严格控制在一个月之内。播种前钵体浇足水,每钵播包衣棉种 1 粒,用爽土覆盖,厚度为 1 厘米左右,均匀一致不露籽。播前钵体和播后盖籽土均用多菌灵 1 000 倍液喷施消毒,防治苗病。

(4)**湿足温高促齐苗** 苗床播种至棉苗子叶平展期,要充分利用塑膜保湿增温作用,确保齐苗。苗床出苗80%以上时,揭膜通风降温散湿;当晴天最高气温大于25℃时,已出苗苗床应于上午10时前揭膜降温,以防高温烧苗;未出苗苗床,在塑膜上添加遮阳覆盖物降温,以防烧芽。

(5)**控温降湿稳长苗** 棉苗出齐至子叶平展后,于苗床两端揭膜通风降湿,并抢晴天晒床1~2天,晒至苗床表土发白,苗茎1/3发红,防止温度高、湿度大而旺长线苗。

(6)**搬钵蹲壮苗** 分别于棉苗出真叶前和移栽前10天搬钵两次。搬钵可起到散湿,拉断主根蹲苗,抑制地上部分旺长线苗,形成壮苗,刺激侧根增生的作用。搬钵按大小苗分类摆放,利用空钵隔开苗距,一钵两苗及时间苗,并加土填塞钵间缝隙及钵面,视棉苗长势和钵体墒情,酌情浇施清水或1%尿素液,防止肥水短缺僵苗。

(7)**喷药保健苗** 棉苗齐苗后,晴天用多菌灵1 000倍液喷雾于棉茎,每10天1次,防治苗期病害。

2. 棉苗移栽

(1)**移栽棉苗的长相** 移栽时棉苗真叶2~3片,苗高12~15厘米,叶色清秀,无病斑,茎粗子叶肥,苗茎红绿各半,健壮敦实。

(2)**移栽准备** 麦套移栽棉,在4月底至5月初,选晴天爽土打洞移栽;油菜后移栽棉,在5月中旬抢墒及时移栽棉苗;麦后移栽棉5月下旬移栽。移栽前5~7天,施0.5%尿素液加清粪水。用氧化乐果1毫升对水15升,防治病虫害一次。移栽前1~2天浇足一次水,使钵体充分湿润。

(3)**移栽方法**

①**麦套移栽** 移栽前15天左右,在预留棉行开沟施基肥,每667米² 施用碳酸氢铵25千克和过磷酸钙30千克,纯硼30克,于4月底至5月初抢晴、爽土,采用打洞器定密打洞移栽。

②**油菜后移栽和麦后移栽**　油菜后移栽和麦后移栽时,气温较高,应免耕板土抢墒移栽,用打洞器定密打洞移栽,每 667 米² 穴施三元复合肥 5～8 千克;活蔸后抓紧中耕灭茬和松土保墒;结合中耕补施基肥,每 667 米² 施碳酸氢铵 25 千克,过磷酸钙 30 千克,纯硼 30 克。

(4)移栽质量　移栽时选壮苗,按大小苗分级移栽,抢墒打洞或开沟移栽,确保移栽不破钵、不断根、钵肩不外露、不落坑。板土移栽的,特别要浇足安钵水,掩土护钵,以缩短移栽后缓苗期。

田间厢宽 200～220 厘米,平均行距 100～110 厘米,株距 34 厘米左右。

(5)移栽后管理　栽后要及时查苗补缺;长势弱的棉苗用 1% 的尿素液或人粪尿加 4 000～6 000 倍的"802"液促根提苗;防治苗期病虫害缺苗,应及时补栽;搞好中耕松土、灭茬、破板结;轻施提苗肥,每 667 米² 可施 3～4 千克尿素;清沟排渍,高标准开好"三沟"。若遇干旱天气,应及时灌水抗旱,做好肥水管理,防止栽后僵苗。

二、杂交棉蕾期生育特点与栽培技术

(一)杂交棉蕾期生育特点

杂交棉蕾期营养生长和生殖生长并进,但仍然是营养生长占优势,以扩大营养体为主。杂交棉蕾期根系生长处于最旺盛期,现蕾强度不断增强。叶面积增大,光合能力提高,制造大量的碳水化合物,与氮素结合组成蛋白质,用以增长营养体。蕾期的生育要求是协调好营养生长和生殖生长的关系,做到棉株壮而不疯,稳而不衰,既搭好丰产架子,又稳增花蕾,在壮苗早发基础上,实现增蕾稳长。

1. 蕾期棉苗长势　棉株主茎日生长量 1.0～1.5 厘米,主茎叶日增 0.3～0.4 片,果枝日增 0.3～0.4 条,果节日增 0.4～0.5 个。

2. 蕾期的壮苗长相 株型紧凑,茎秆粗壮,节密,果枝向四周平伸,着生角度较大,节间分布匀称,叶片大小适中,蕾多、蕾大。

(二)杂交棉蕾期栽培技术

1. 化学调控 长势旺的棉田,8 片真叶时,每 667 米² 用缩节胺 1 克;14 片真叶时,每 667 米² 用缩节胺 2 克,对水 15 升叶面喷雾;长势弱的棉田用 4 000～6 000 倍"802"加入 1%尿素喷雾。

2. 整枝 当棉株现蕾后,除掉第一果枝以下的叶枝、赘芽,注意保留主茎叶;边行和宽行套种的棉花可保留叶枝 1～2 条,并注意在叶枝有 4 个果枝时打顶。

3. 深施蕾肥 当棉株具有 3～5 条果枝时,开沟深施优质农家肥 2 000 千克或棉仁饼 50～60 千克,加过磷酸钙 20～25 千克,尿素 6～7.5 千克,氯化钾 10～15 千克;棉株长势弱、不平衡的棉田加施 4～6 千克尿素促进平衡生长,结合中耕松土,除草,搞好起垄培蔸。

4. 防治病虫害 当棉蚜、棉盲椿象、红蜘蛛、第二代棉铃虫、第一代红铃虫等害虫的虫量或卵量达到防治标准时,采取高效低毒低残留化学农药、生物农药以及捕捉、诱杀(频振灯)等方式进行防治;对有枯、黄萎病的棉田,在进行化学防治的同时,做好清沟排渍降湿及病株的处理。农药使用应符合 GB 4285 和 GB/T 8321.1—7 的要求。

三、杂交棉花铃期生育特点与栽培技术

（一）杂交棉花铃期生育特点

花铃期是杂交棉花生长发育最旺盛的时期，是棉花一生中需肥水最多的时期，棉株逐渐由营养生长与生殖生长并进转向以生殖生长为主，需肥量占一生总需要量 50％以上，需水量占一生总需要量的 45％～65％，该时期是决定棉花产量和品质的关键时期。

按生育特性，花铃期又可分为初花期和盛花结铃期。初花期是指棉株从开始开花到第四、第五果枝第一果节开花时，约 15 天。这段期间，营养生长和生殖生长并进，是棉花一生中生长最快的时期，主茎日增量、花蕾增长量和叶面积均迅速增大。初花期后，进入盛花结铃期，棉株营养生长逐渐转慢，生殖生长占优势，营养物质分配以供应蕾、铃发育为主。以后营养生长渐趋减缓，现蕾减慢，转向以增铃为主，叶面积达最大值。整个花铃期，根系生长逐渐减慢，而吸收能力为最旺盛期。

初花期的营养生长旺盛，又是高温多雨季节，若氮肥过多，易于疯长，提早封垄，造成棉田郁蔽，脱落严重。盛花期后，生殖生长占了优势，叶片趋向衰老，根系活力逐渐下降。这时若水肥跟不上，易于早衰。

对花铃期的生育要求是，控初花、促盛花，带大桃封行，既不疯长，又不早衰，协调营养生长和生殖生长的关系、个体与群体的关系，达到桃多、桃大、高产、优质。主茎日生长量 1.5～2.0 厘米，最高不超过 2 厘米，果枝日增 0.3～0.4 条，蕾日增 1.5～2.0 个，成铃日增 0.3～0.5 个。

对花铃期棉株长相的要求是：棉花生长稳健，初花期稳搭丰产架,蕾多蕾大,盛花期枝叶繁茂,带桃封行。株型紧凑,茎秆下部粗壮,向上渐细,节间较短;果枝健壮,果枝夹角大;叶片大小适中,叶色正常。

(二)杂交棉花铃期栽培技术

1. 重施花铃肥　当棉株平均坐 1 个大桃前,每 667 米^2 追施尿素 15～20 千克,氯化钾 15～20 千克,棉行中间开沟埋施或棉株中间打洞穴施。

2. 打顶　当棉株果枝 18～22 层左右时打顶,时间以 8 月 10 日左右为宜;做到"枝到不等时、时到不等枝",提倡打小顶,摘掉 1 叶 1 心。

3. 化学调控　在打顶前后,每 667 米^2 用缩节胺 4～5 克,对水 45 升喷雾,抑制赘芽和无效蕾的发生,控制顶部果枝伸得过长而造成中下部荫蔽。

4. 普施补桃肥　8 月上旬,每 667 米^2 施尿素 10 千克,点施深施。

5. 抗旱　当连续 7～10 天未下透雨,棉株根系密集在表层土壤,手捏勉强成团,手触即散;棉株顶部 3～4 片叶,在上午 10 时左右出现萎蔫,叶色变暗绿,叶片变厚,花位迅速上升时应及时灌溉,提倡早晚小水沟灌,灌后及时松土保墒。

6. 防治病虫害　主要抓好 3、4 代棉铃虫,2、3 代红铃虫,烟粉虱以及斜纹夜蛾的防治。

7. 根外追肥　8 月中旬至 9 月上旬,结合治虫在药液中加 1.0％尿素、0.2％磷酸二氢钾进行叶面喷施 2～3 次。

四、杂交棉吐絮期生育特点与栽培技术

(一)杂交棉吐絮期生育特点

杂交棉花吐絮期是以生殖生长为主,连续开花结铃,陆续成熟、吐絮的。在伏前桃开始吐絮时,伏桃正在逐渐成熟,秋桃正在形成、长大。这时,棉株的营养生长已衰退,生殖生长逐渐缓慢,根系吸收能力日渐下降。这时对环境条件的要求是:有充足的日照,较高的温度和较低的湿度,晴天、微风,气温在20℃以上。因为温度高,日照充足,可以加速碳水化合物的形成和转化,促使脂肪和纤维素形成,并加速铃壳干燥,有利于棉铃的开裂、吐絮。

吐絮期棉株营养生长逐渐衰退,对水分、养分的需求显著减少,一般不易发生徒长,但易出现早衰。因此,在吐絮期的管理,一般棉田要防止早衰,贪青棉田要防止晚熟。

(二)杂交棉吐絮期栽培技术

1. 收花 当棉田大部分棉株有1～2个棉铃吐絮时开始收花,每隔7～10天左右收一次。不摘"笑口花"、不摘露水花、不带壳收花、不夹杂碎叶,并抢在雨前收花;及时抢摘危烂桃,做到分收、分晒、分藏、分售。坚持布袋装花,棉绳扎口,防止包括化学纤维、丝、麻、毛发和塑料绳等非棉性异性纤维混入。

2. 防田间荫蔽 对通风透光较差的棉田要及时打掉下部老叶、空枝,抹赘芽,摘旁心,增加棉田通风透光性。

3. 拔秆 株平均青铃不超过2个时拔秆,时间大约在11月中下旬,拔秆后的棉柴直立摆放,不上大堆,以利于棉秆上迟熟棉铃开裂吐絮,防止霉烂。

附录　棉花品种及其选育单位

品种名称	选育单位	通讯地址	邮政编码
中棉所 41、43、45、48、49、57、63、64、66、67、69	中国农业科学院棉花研究所	河南省安阳市开发区黄河大道	455000
创杂棉 20 号	河北省农林科学院棉花研究所	河北省石家庄市	050051
鑫杂 086	山东省济南市鑫瑞种业科技有限公司	山东省济南市	250101
邯杂 98-1	河北省邯郸市农业科学院	河北省邯郸市	056001
晋棉 50 号	山西省农业科学院棉花研究所	山西省运城市	044000
鲁棉研 27 号、28 号、30 号	山东省农业科学院棉花中心	山东省济南市	250100
山农圣棉 1 号	山东农业大学	山东省泰安市岱宗大街 61 号	271018
银瑞 361	山东省德州市银瑞棉花研究所	山东省德州市	250101
国丰棉 12	安徽省合肥丰乐种业	安徽省合肥市	230088
湘杂棉 11 号、13 号、14 号、16 号	湖南省棉花研究所	湖南省常德市	415101

续　表

品种名称	选育单位	通讯地址	邮政编码
鄂杂棉 28	湖北省荆州市农业科学院	湖北省荆州市	434000
海杂棉 1 号	湖南省岳阳市农科所	湖南省岳阳市	414000
徐杂 3 号	江苏省徐州农科所	江苏省徐州市	221121
泗阳 329	江苏省泗阳棉花原种场	江苏省泗阳县	223700
宁字棉 R6	江苏省农业科学院农业生物技术研究所	江苏省南京市	210014
路棉 6 号,川杂棉 16、26 号,川棉优 2 号,川棉 118	四川省农业科学院经济作物育种栽培研究所	四川省简阳市打石拗	641400
科棉 6 号	江苏省科腾棉业有限责任公司	江苏省南京市	210036
荃银 2 号	安徽省荃银高科种业股份有限公司	安徽省合肥市	230088
新彩棉 13 号、新陆早 36 号	新疆维吾尔自治区石河子棉花研究所	新疆维吾尔自治区石河子市子午路北	832011
新海 26、30	新疆巴州农科所	新疆维吾尔自治区库尔勒市	841000
陇棉 1 号	甘肃省农业科学院经济作物研究所	甘肃省敦煌市	736200
新杂棉 2 号	新疆建设兵团农一师农科所	新疆维吾尔自治区阿克苏市	843000
新彩棉 14 号、新陆早 35 号	新疆建设兵团农七师农科所	新疆维吾尔自治区奎屯市	833400

续　表

品种名称	选育单位	通讯地址	邮政编码
新陆棉 1 号	新疆农业科学院经济作物研究所	新疆维吾尔自治区乌鲁木齐市	830000
新陆早 37 号	新疆建设兵团农五师农科所	新疆维吾尔自治区博乐市	833300
新陆中 29	新疆优质杂交棉有限公司	新疆维吾尔自治区乌鲁木齐市	830002
新陆中 30	河南省新乡市锦科棉花研究所	河南省新乡市	453731

金盾版图书,科学实用,
通俗易懂,物美价廉,欢迎选购

棉花植保员培训教材	8.00元	棉花育苗移栽技术	5.00元
棉花农艺工培训教材	10.00元	彩色棉在挑战——中国	
棉花高产优质栽培技术		首次彩色棉研讨会论	
(第二次修订版)	10.00元	文集	15.00元
棉花黄萎病枯萎病及其		特色棉花高产优质栽培	
防治	8.00元	技术	11.00元
棉铃虫综合防治	4.90元	棉花红麻施肥技术	4.00元
棉花虫害防治新技术	4.00元	棉花病虫害及防治原色	
棉花病虫害诊断与防治		图册	13.00元
原色图谱	22.00元	棉花盲椿象及其防治	10.00元
图说棉花无土育苗无载		亚麻(胡麻)高产栽培	
体裸苗移栽关键技术	10.00元	技术	4.00元
抗虫棉栽培管理技术	5.50元	葛的栽培与葛根的加工	
怎样种好 Bt 抗虫棉	4.50元	利用	11.00元
棉花病害防治新技术	5.50元	甘蔗栽培技术	6.00元
棉花病虫害防治实用技		甜菜甘蔗施肥技术	3.00元
术	5.00元	甜菜生产实用技术问答	8.50元
棉花规范化高产栽培技		烤烟栽培技术	11.00元
术	11.00元	药烟栽培技术	7.50元
棉花良种繁育与成苗技		烟草施肥技术	6.00元
术	3.00元	烟草病虫害防治手册	11.00元
棉花良种引种指导(修		烟草病虫草害防治彩色	
订版)	13.00元	图解	19.00元

以上图书由全国各地新华书店经销。凡向本社邮购图书或音像制品,可通过邮局汇款,在汇单"附言"栏填写所购书目,邮购图书均可享受9折优惠。购书30元(按打折后实款计算)以上的免收邮挂费,购书不足30元的按邮局资费标准收取3元挂号费,邮寄费由我社承担。邮购地址:北京市丰台区晓月中路29号,邮政编码:100072,联系人:金友,电话:(010)83210681、83210682、83219215、83219217(传真)。